KB154141

# 겉모양도 3성급!
## 더 잘 쓰고 싶게 만드는
## 세계의 문구들

조터(파카) 파카의 상징인 반짝이는 '화살 클립'과 유려한 디자인이 시선을 사로잡는 볼펜. 자그마한 크기로 잠깐 메모를 할 때도 쓱 꺼내 쓰기 쉽다.

사파리 만년필 (라미) 아름다운 디자인이 시선을 끄는 가볍고 튼튼한 ABS 수지 제품. 펜촉은 B(굵은 촉), M(중간 촉), F(가는 촉), EF(매우 가는 촉)로 4종이 있다.

펠리카노 주니어(펠리칸) 어린이용 만년필인데도 명문 브랜드답게 손에 쥐기 편한 러버 그립과 펜촉의 감촉이 어른용 못지않다. 컬러풀한 배색으로 즐거움을 선사한다.

포인원(로트링)
금속제 본체의 적당한
무게감과 심플한
디자인이 매력적인
멀티펜. 볼펜(검정,
빨강, 파랑)과
샤프펜슬의
기능을 함께
탑재하고 있다.

클래식 노트북(몰스킨) 세계적으로
마니아층이 많은 노트 시리즈
(사진은 포켓 사이즈 9×14cm).
표지는 심플하고 튼튼하며
우수한 내구성을 자랑한다.

싱킹 파워 노트북
(츠바메 노트) 클래식한 외관에
풀스캡foolscap 종이를 속지에
사용하는 등 품질도 좋다. 귀여운
일러스트가 그려진 오른쪽 노트는
A5 크기 세로형의 '저니Journey'.

니모시네(마루만) A4 크기의 가로형 비즈니스 노트.
속지에는 5mm 모눈이 인쇄되어 있으며 자유로운
발상으로 문장이나 도표, 일러스트 등을 그릴 수 있다.

노블 노트(라이프),
메트릭 표지 시리즈(클레르퐁텐)
글 쓰기 쉬운 용지와 개성적인
표지 디자인으로 각각 많은 팬을
보유한 일본과 프랑스의 노트.
노블 노트의 아름답고 튼튼한
제본에도 주목해 보자.

클립보드 (손더스)
알루미늄 재질이라서
튼튼한 미국제 클립보드.
왠지 정겨운 느낌의
심플한 디자인은
리갈패드와 외형적으로
아주 잘 어울린다.

멀티 파트 파일 (에그저콤타)
컬러풀한 색깔이 아름다운
문서 정리용 파일. 표지에
뚫려 있는 인덱스용 창을 통해
열어 보지 않아도 안의
내용을 확인할 수 있다.

일반용 가위
(피스카스) 독특한
곡선의 손잡이가
시선을 사로잡는
핀란드 가위. 가위 날이
잘 들어 사용할 때
손이 힘들지 않다.

술고래가 술을 이해하듯
글 쓰는 사람이 만년필을
이해하지 않으면
안 되는 시기가 도래하는 것도
머지않았다고 생각한다.
고작 펠리칸 하나 써 보고
만년필은 못 쓰겠다는 내가
남에게 비웃음을 사는 것도
머지않은 일이라면
나도 웃음거리가 되지 않기 위해
다른 만년필도 써 보는 노력이
조금은 필요할 것 같다.


나쓰메 소세키,
『나와 만년필』중에서

일러두기

본문에서 [　]안의 내용은 '옮긴이 주'입니다.
외래어 표기법을 기본으로 하되 일부 브랜드나 상품의 경우
한국 독자들에게 익숙한 이름을 택했습니다.

# 문구상식

더 잘 쓰게 만드는
사소하고 현명한 기술

와다 데쓰야 지음
고정아 옮김

 흥시

# 시작하며

최근 들어 여기저기서 문구 분야의 화젯거리를
접하는 일이 많아졌다. 대형 문구점에는 다양한 펜과
노트가 가득하다. 모처럼의 기회니 뭐라도 하나
사고 싶은데 어느 것을 사면 좋을지 고민에 빠진다.
문구는 생활품이므로 누구나가
어떤 제품이든 이미 사용을 하고 있다.
새로운 펜을 사려면 그 나름의 이유가 필요하다.
모양이 멋있다든가, 잉크 색깔이 예쁘다든가,
아니면 사용감이 편리하다든가.
그렇다. 문구는 일을 효율적으로 진행하기 위한 '도구'다.
그러므로 펜이나 노트의 편리한 사용감은
상품을 고를 때 중요한 요소가 된다.

도구의 편리한 사용감은 실제로 구매해서
사용해 보지 않으면 알 수 없다.

아니, 써 본다고 해도 정말로 좋은 것인지 확신할 수는 없다.
가능하다면 누가 알려 줬으면 좋겠다는 생각도 든다.
이 책에서는 문구와 더불어 관련 제품에 대해서
다루고 있다. 때로는 자세하게, 때로는 멀찍이 떨어져서
바라보는 시각으로 여러 가지 이야기를 준비했다.
문구 전문가들이 물건을 보는 방법을 참고하여
자신에게 필요한 제품을 제대로 골라 보자.
그렇게 해서 여러분 각자의 업무에서 좋은 성과를
거둘 수 있다면 무척 기쁠 것 같다.

이 책은 초보자를 대상으로 썼다. 조금 어려운 부분은
뒤로 미루어도 괜찮다. "이런 세계가 있구나!" 하는
마음으로 읽어 나가 보자.

깊고도 넓은 문구 월드에 오신 걸 환영한다!

# 차례

# 1

문구 월드에

어서 오세요!

# 문구를 평소와 다른 시각으로 보기

먼저 이 책의 제목을 보고 여러분은 무슨 생각을 할까? "문구를 쓰는 데 기술이 필요하다니?" "왠지 수상쩍은데?" 등등 여러 가지 말이 나올 것 같지만 나는 무척이나 진지하다.

지금까지 많지는 않아도 여러 권의 문구 관련 책을 내기도 하고 제품을 소개하는 글이나 에세이를 잡지에 기고하기도 했다. 성격이 별나서인지 그저 제품에 대한 정보만을 쓰는 것으로는 만족스럽지가 않아 물건과 사람의 관계로 생각을 확장하며 어떤 마음으로 문구를 대하고 사용하면 좋을지에 대해서까지 언급하고 마는 버릇이 있다.

이 책도 그러한 방향성에 따라 써 봤는데, 학생보다는 사회인을 대상으로 하고 있다. "문구를 이러한 관점에서 파악하고 이런 식으로 사용하여 자신의 성장과 발전으로 연결해 나가 보세요."라는 말을 사회인분들이라면 이해해 주지 않을까 하고 붙여 본 제목이다.

여하튼 본심은 그야말로 진지하다. 이 책을 손에 든 여러분 모두가 가능한 한 문구를 이전과 다른 시각으로 바라보면서 철저하게 그리고 깊이 생각해 보기를 바라는 마음이다. 특히 최근에는 문구가 부담 없는 취미의 하나로 자리매김하면서 관련 정보도 많아지고 있다. 아무래도 모양이 예쁘다거나 디자인이 멋있다거나 사용이 편리하다는 등 누구나가 쉽게 알 수 있는 관점에서 접근하는 경우가 많은 것 같다.

사실 좀 더 단호하게 "당연하다고 여겨지는 것을 곧이곧대로 받아들이지 마라!" "겉모양에 속지 마라!"라고 말하고 싶은 걸 꾹 참고 "꼭 그렇지만은 않답니다!"하고 부드럽게 웃는 얼굴로 풀어 가며 총 8장으로 내용을 구성해 봤다. 왠지 평범한 듯 평범하지 않은 문구에 관한 책. 꽤 많은 정보를 담고 있으므로 부디 즐기면서 '사소하지만 현명하게' 쓰길 바란다.

## '생각해서' 사용하는 이점

문구만 놓고 봐도 요즘은 참 좋은 시절이 아닐 수 없다. 최근 15년 사이에 해외에서 유행하는 노트와 필기구 등을 국내에서도 손쉽게 구매할 수 있게 되었으니 말이다. 더불어 인터넷 사이트나 잡지 등에 관련 기사가 실리는 일도 많아지고 있다. 요즘은 만년필도 과거의 영광을 되찾아 가는 듯하고, 또 문구 제조업체도 활기를 되찾고 있다.

문구 관련 웹사이트를 돌아다니다 보면 현재 세계적으로 많은 사람이 문구에 관심을 가지고 있다는 사실을 알 수 있다. 미국, 유럽, 아시아 모두 비슷한 경향이다. 또한 일본의 문구 제품에 주목하는 해외 팬도 많은 것 같다. 해마다 신제품이 출시되고 많은 사람이 사용함으로써 한층 더 좋은 제품으로 진화하고 확대되어 가는데, 이런 선순환을 잘 유지해 나가면서 한 사람이라도 더 많은 문구 팬이 생길 수 있도록 내 나름의 노력을 하고 싶다.

　모처럼 이 책에 관심을 보여 주신 여러분 모두가 스스로 문구에 대해서 '생각하는' 기회를 가졌으면 하는 바람이다. "이 제품은 왜 존재하는 걸까?"라든가 "이 제품의 이점을 나의 어디에 활용할 수 있을까?"라는 생각 말이다. "우와, 좋은데!" 하는 것에서 그치지 말고, 이 책을 참고삼아 자기 일과 생활에 연결해 나가겠다는 생각으로 문구를 대한다면 훨씬 즐거울 것이다. 뿐만 아니라, 문구가 지닌 성능을 최대한으로 활용할 수 있으리라 생각한다.

문구에 대해 생각을 하면서 사용하다 보면 여러 가지 이점이 드러나기 시작한다. 예를 들어 볼펜의 디자인은 마음에 드는데 글씨를 쓸 때의 감촉이 별로라는 문제를 인식한다면 그에 따른 해결법을 찾아 나갈 수 있다. 업무 초기 단계에서의 장벽을 뛰어넘는 데 필요한 도움에서 책상 위에 어지럽게 쌓여 있는 서류 더미를 줄이는 아이디어까지, 문구는 편리한 도구일뿐 아니라 어떻게 사용하느냐에 따라 우리의 상황이나 사고까지 정리해 주는 우수한 아이템이다.

　더욱이 흥미로운 점은 이런 여러 가지 유익한 아이템들 중 사용자들 간의 '깨닫다→생각하다→궁리하다'라는 연결 고리 덕분에 발견되어 온 것이 많다는 사실이다. 나만 해도 이 문장의 초고를 펜으로 써 나가다가 가장자리가 아주 살짝 젖혀진 노트가 글쓰기에는 오히려 편하다는 사실을 발견했으니 말이다. 다만 제품에 대해서 '생각하기'를 실행하려면 제품의 기본 성능이 확실해야 한다. 다시 말해 좋은 물건이어야 한다는 점이 전제 조건이다.

이 책의 각 장에서는 이러한 점을 염두에 두고 종류별로 좋은 품질의 제품들을 다루고 있다. 모두가 신제품은 아니지만, 각각의 제품을 출발점으로 삼아 다음 단계로 이어 나가 보기 바란다.

## 편리한 사용감을 찾아내기란 쉽지 않다

문구를 살 때 가장 이상적인 구매는 사용하기 편리한 제품을 만나는 것이다. 그런데 사실 편리한 사용감이라는 것을 설명하기란 꽤 어렵다.

볼펜을 예로 들어 보자. 필기감이 매끄럽고 작은 글자도 깔끔하게 쓸 수 있는, 펜촉이 매우 가는 신제품 볼펜이 있다. 이것을 '신제품이라서 사용하기 편리하다'고 안이하게 단언할 수는 없다. 왜냐하면 감촉이 너무 매끄럽거나 펜촉이 가는 것을 오히려 불편해하는 사람도 있으니까. 본체의 형태가 자신의 손에는 안 맞는다고 하는 사람도 있을 수 있다. 볼펜과 사용자가 쓰는 종이와의 궁합이 좋지 않아 기대만큼 성능을 발휘하지 못하는 경우도 있다. 100엔 안팎의 물건도 여러 가지 요인에 따라 평가가 크게 좌우되는 것이다. "뭐 그렇게까지 번거롭게?" 하고 생각할지도 모르겠지만, 최근의 필기구는 세세한 사양의 차이를 판매 포인트로 삼을 만큼 사용할 사람의 경향이나 종이의 조건이 관건이 되기도 한다.

그 궁합이 딱 들어맞으면 광고 문구대로 성능이 발휘되어 제품은 반짝반짝 빛을 발하게 되겠지만, 그렇게 되도록 하려면 요령이 필요하다. 볼펜 하나에 대해서 여러 개의 점검 항목을 확인한다면 어느 정도는 괜찮을 것이다. 다만 제품의 종류도 품목도 많기 때문에 일일이 고지식하게 확인하려다가는 한도 끝도 없다. 그래서 나는 '기억하기'가 아니라 '생각하기'를 권하는 것이다.

오래전 경험 하나를 소개해 볼까 한다. 운전면허를 따려고 학원에 다니던 때의 일이니 30년도 더 된 얘기다. 예전에는 연수생들의 눈물을 쏙 빼는 무서운 운전 강사가 많았다. 나도 연수를 받으면서 울었던 기억이 있다. 그나마 임시면허를 받고 도로주행 연수를 받으면서부터는 강사님이 조금은 친절해졌다. 몇 가지 주의사항도 알려주었는데 다음과 같은 얘기들이 생각난다. "좁은 길은 저도 모르게 돌진했다가 꼼짝 못하는 상황이 일어날 수도 있으니, 가능한 한 들어서기 직전에 앞 상황을 살펴보도록." "혹시라도 시동이 꺼질까 봐 겁이 날 테지만, 클러치를 안 밟아도 시동이 꺼지지는 않으니까 걱정하지 말고 지금 한번 발을 떼 봐."

또 어느 날에는 신호가 빨강으로 바뀌어 정지선에서 멈추려고 하는데 "조금만 더 가서 서자고. 나무 그늘에 들어오니까 시원하잖아."라고 했다. 처음에는 농담을 하나 했는데, 나중에 돌이켜 생각해 보니 '스스로 위험한 상황을 만들지 말 것' '운전 중에 마음에 여유를 가질 것' '동승자나 주위를 배려할 것' 등 그야말로 초보자에게 적절한 고마운 가르침이었음을 알았다. 교본에는 없는 가르침. 그때 그 강사님의 조언 덕분에 나는 면허를 딴 이래 항상 안전하고 원활한 주행을 '생각하면서' 운전하게 되어 다행히도 30년 넘게 무사히 지내고 있다.

다시 문구 얘기로 돌아가 보자. 물품을 구매할 때 자신이 사용하기에 편리한 상품인지를 알려면 각 종류에 대한 지식을 가지고 있는 것이 중요하다. 또한, 지식뿐 아니라 제품을 이해하는 감각도 갖추고 있다면 자신에게 딱 맞는 문구를 찾기가 쉽다. 이에 대해서는 좀처럼 말로 설명하기 어렵지만 나는 '선택 능력'이라고 표현하겠다.

지인 중에도 문구에 대해서 잘 이해하고 있구나 싶은 사람은 대체로 문구 이외의 분야(예를 들면 건축이나 패션, 과자 등)와 관련해서도 이해가 빠르고 얘기를 나눠도 재미가 있다. 아마도 사물에 대한 접근 방법이 최적화되어 있는 것이다.

다른 것은 그렇다 쳐도 나는 "이런 점에 착안하면 자기에게 딱 맞는 문구를 찾을 수 있어요."라는 힌트라면 여러분께 충분히 제공할 수 있다. 실제로 2004년과 2005년에 출간한 『문구를 즐겁게 사용하기-노트와 수첩 편-』, 『문구를 즐겁게 사용하기-필기구 편-』을 읽은 전국 각지 문구 점포의 점원이나 바이어로부터 "노트를 보는 눈이 달라졌어요." "손님에게 필기구를 어떻게 소개하면 좋을지 방법을 알았어요."와 같은 고마운 평가를 받았다.

상품의 사양에 대해서는 제조사가 공개하는 카탈로그 정

보가 가장 정확하겠지만, 그것을 어떻게 이해하고 조합해서 사용할 것인지는 역시 사용하는 사람의 감각에 달려 있다. 때로는 깊게 때로는 넓게 잘 생각해서 제품을 자신의 것으로 만들어 나가는 과정을 소중히 여겼으면 좋겠다. 그렇다면 여기서 힌트의 일면을 항목별로 정리해 보기로 하자.

  + 글씨를 쓸 때 펜의 감촉은 펜을 누르는 힘과 펜을 쥐는 방법에 따라 크게 달라진다.
  + 펜에 대한 평가는 펜과 종이와의 조합에 좌우된다.
  + 볼펜은 먼저 리필심을 이해하는 것에서부터 시작한다.

모두 2005년도에 출간한 '필기구 편'에 써 놓은 내용이다. 지금에야 문구를 취미로 삼고 있는 사람에게는 당연한 얘기지만, 당시는 문구점에서 일하는 점원 중에도 이런 내용을 모르는 사람이 많았다. 이런 기준을 가지고 있느냐 아니냐에 따라 제품에 대한 접근에 차이가 나타난다. 이 책에는 이와 같은 힌트를 여기저기 담아 놓았다. 때로 제조사의 공식 정보나 웹사이트, 잡지 등의 기사와는 다른 관점의 내용이 있을지도 모르겠지만, 그런 차이야말로 문구에 대해서 '생각하는' 첫걸음이라고 할 수 있다.

나는 한때 어느 제조업체에서 통신기기의 하드웨어나 소프트웨어를 개발하는 일을 했었다. 마침 그 무렵은 인터넷이 보급되기 시작했던 시기라 나도 인터넷을 통해 사람들에게 뭔가 도움이 되는 정보를 제공해 보고 싶다는 생각을 하게 되었다.

어느 날 중학교 시절부터 친하게 지내던 친구들과 모인 자리에서 "내가 뭘 할 수 있을까?" 하고 물었더니 모두가 한목소리로 "너한텐 문구밖에 없잖아!"라고 답했다. 그래서 문구에 관한 웹사이트 『스테이셔너리 프로그램Stationery Program』을 개설하게 되었다. 아직 일본의 대기업들도 제대로 된 웹사이트를 만들지 않았던 1997년의 일이다(당시는 웹사이트라고 하지 않고 모두가 '홈페이지'라고 불렀다).

사이트 개설에 앞서 국내외 사정을 샅샅이 조사한 결과 해외, 특히 미국에서는 연필이나 만년필에 대한 팬사이트가 이미 여러 개 있었다. 또 필기구를 판매하는 세련된 구성의 온라인 숍도 활발하게 운영되었다. 당시 일본에서는 TV도쿄의 프로그램 〈텔레비전 챔피언〉의 '문구 통通 선수권'에서 세 차례나 우승을 거머쥐었을 뿐 아니라 지금도 문구 업계 최전선에서 활약하고 있는 '문구왕' 다카바타케 마사유키 씨의 사이트를 필두로 다섯 개 정도의 사이트가 운영되고 있었다.

나는 기존 웹사이트와 차별화를 꾀하기 위해 수입 문구를 주요 테마로 삼아, 프랑스의 블록 메모 로디아RHODIA, 독일의 필기구 로트링ROTRING과 라미LAMY, 이탈리아의 하드커버 노트 몰스킨MOLESKINE 등의 제품을 다뤘다.

지금은 국내 각지의 문구점에서 볼 수 있는 문구들이지만 당시에는 그다지 알려지지 않은 제품들이었다. 사이트에는 게시판도 마련해 수입 문구에 관심 있는 사람들에게는 나름 귀중한 허브 역할을 했었다고 생각한다.

그러던 중 마침내 내게 "로디아에 관심이 많은데 우리 동네에서는 구할 수가 없어요."라든가 "더 흥미로운 제품들은 없나요?"와 같은 문의가 빗발치기 시작했다. 웹 덕분에 정보는 전국 방방곡곡으로 고루 퍼지게 되었다. 하지만 모처럼 굉장한 제품들을 소개해 봤자 독자들이 직접 써 볼 수 없다면 전혀 의미가 없다는 생각이 들었다. 때마침 나는 회사를 그만두고 가업을 잇기로 하면서 1999년에 통신판매 사이트 '신뢰 문구포'를 열었다.

그때만 해도 문구 관련 온라인 숍은 별로 없었으며, 있다고 해도 실제 오프라인 매장을 가지고 있는 회사가 통신판매의 형태로 영업하는 것이 대부분이었다. 그러다 보니 오프라인 매장을 갖추지 않은 내 회사가 도매상으로부터 상품을 사들이기란 쉽지 않았다. 문구 관련 대규모 전시회에서 유통 관계자와 상담도 했지만 "실제로 점포가 없으면 좀…" 하고 난색을 보이기 일쑤였다.

그렇게 포기하려는 찰나 전시회장에서 해외 필기구 제조사의 간부를 만났다. 내가 웹사이트에 관한 내용과 제품에 대한 생각을 설명하자 그 자리에서 휴대전화를 꺼내 들더니 수입 필기구 전문 도매상을 소개해 주었고, 그렇게 해서 제품을 취급할 수 있게 되었다.

그 후에도 마치 롤플레잉 게임을 하듯 많은 사람을 만나면서 조금씩 판매 상품이 확대되어 갔다. 그중 사무용품 수입 상사를 경영하는 이치우라 준 씨와의 만남은 여전히 좋은 추억으로 남아 있다. 이치우라 씨는 1980년대 당시 각종 문구 관련 무크지〔단행본과 잡지의 특성을 동시에 갖춘 출판물〕의 해외 취재 및 기고를 맡기도 하고 『문방구, 지식과 구사하기』라는 책을 집필한 분으로 내게는 그야말로 신과 같은 존재였다. 그에게서 해외 사무용품이나 파일링 용품에 대해 많은 것을 배웠다.

해외 문구에 대한 이해가 한층 더 깊어진 것은 이치우라 씨가 독일에서 제품을 구매하는 데 동행하면서였다. 현지에서는 일본과는 비교도 할 수 없을 정도로 큰 전시회가 열리고 있었는데, 나흘에 걸쳐 팀 구성원 다섯 명은 체력이 되는 한 전시회장을 돌아다녔다(상담도 해야 하므로 나흘이라는 시간이 있어도 전시회장 전부를 다 돌기는 어려웠다).

파일링 용품이나 사무용 문구류를 중심으로 살펴보았다. 각 사의 부스에 들어가 인사하는 것에서부터 상품 지식과 현지 사정, 상담 매너까지 배웠다. 북유럽 제조사가 (상품을 모방하는 것을 방지하기 위해) 어두운 방에서 단골을 상대로 개최한 상품설명회를 비롯해 독일 필기구 제조사와의 만년필 개발에 대한 협의, 러시아 연필 회사 관계자들이 동석한 식사 자리 등 모든 것이 좋은 추억으로 남아 있다. 꿈을 꾸듯 즐거우면서도 격렬했던 투어는 비록 두 차례 만에 끝나 버렸지만, 이제는 누구나가 웹사이트를 통해 해외 제품을 주문할 수 있게 되었고,

전시회 기간 특별가로 제공되는 호텔 숙박료를 포함해 40만 엔이 넘는 출장비를 투자할 필요도 없어졌으니 그것은 또 그것대로 좋은 세상이 되었다고 할 수 있겠다.

또 한 가지 내가 새롭게 얻은 것은 책을 쓸 기회였다. 앞서 얘기했듯 2004년에 『문구를 즐겁게 사용하기-노트와 수첩 편-』, 2005년에 『문구를 즐겁게 사용하기-필기구 편-』을 출간했는데, 특히 노트와 수첩 편은 문구 관련 서적 중에서는 꽤 많은 사람이 읽어 주었다.

이 두 권을 계기로 무크지나 잡지에 기고하면서 2006년에는 『분발하는 일본의 문구』를 통해 2개 이상의 문구를 조합해서 편리하게 사용한다는 아이디어를 소개하기도 했다.

그 후 8년 정도 제조사에 협력하거나 오리지널 상품을 개발해 왔다. 최근에는 소규모 문구 커뮤니티에서 즐거움을 느끼며 규모는 작지만 여러 가지 주제로 라이브 토크와 물품 판매를 조합한 이벤트를 해 나가고 있다.

이상과 같은 경위를 거쳐 이번에 만반의 준비를 하고 오랜만에 책을 쓰게 되었다. 『문구를 즐겁게 사용하기』 시리즈에서 정리해 놓은 개념 정의의 기본 부분을 그대로 유지하면서 최근 10여 년 사이에 있었던 문구 팬들과의 교류를 바탕으로 한 최신 동향과 조사 결과 등을 담아 보았다.

이 책은 잡지나 무크지와 달리 가능한 한 텍스트 중심으로 정보를 담아냈다. 책 첫머리에 실은 사진을 제외하고, 각 장에서 소개하는 문구에 대한 사진은 생략했다. 혹시 책을 읽는 동안 관심이 가는 제품이 있다면 컴퓨터나 스마트폰 등을 통해 검색해 보자.

　이제 구체적으로 문구에 대해 얘기해 보려 한다.

2

마이 베스트

필기구를 만나다

# 디지털 시대에 '쓰는 행위'의 중요성

컴퓨터와 스마트폰이 널리 보급되면서 필기구로 글자를 쓰지 않아도 되는 시대가 왔음을 느끼는 일이 많다. 온종일 필기구를 전혀 사용하지 않고 일하는 사람도 많을 것이다.

손글씨가 아닌 전자화된 글자 정보는 검색, 공유, 재이용이 쉽고 이러한 장점은 세상에 큰 변화를 가져왔다. 그렇다고 해서 우리가 필기구를 쓰지 않는 것은 아니다. 오히려 이런 세상이다 보니 자기 손으로 직접 글을 쓰는 것에 이점이 있다고 느끼기도 한다.

두세 명 정도가 참여한 회의에서 대충 내용을 기록하는 경우라면 노트나 수첩을 사용하는 것이 편리하다. 글자든 그림이든 아무런 '설정'을 하지 않고 순간적으로 종이에 써 나갈 수 있다. 새로운 작업을 시작하기 전에 이미지를 스케치하거나 계획을 짤 때라면 오히려 종이가 편하다. 물론 결국에는 파워포인트와 같은 전자파일로 작성해야 하는 업무라고 해도 처음부터 컴퓨터상에서 작업하기는 쉽지 않다. 또, 친구나 거래처 등에 전할 메시지가 있을 때 손으로 직접 써서 주면 의도나 생각이 훨씬 더 잘 전달될 수도 있다.

혹시라도 오해가 없도록 미리 말씀드리고 싶은 점은 내가 이 책을 통해 무조건 손글씨를 강요하려는 게 아니라는 사실이다. 나야말로 전자기기에 관심도 많고 키보드로 입력하는 행위를 무척 좋아하는 편이라 솔선해서 글씨를 쓰는 행위를 줄여왔다. 또, 아이패드 등의 태블릿 기기가 실현하는 손글씨 입력

기능도 최근 수준이 매우 높아지고 있다. 그런데도 내 책상에는 많은 종류의 필기구가 놓여 있다. 진화를 거듭하는 전자기기의 스마트함에 압도되는 시대임에도 굳이 펜과 종이를 꺼내고 싶어지는 건 어떤 순간인지, 그리고 그 경계선은 어디에 있는지 항상 스스로에게 묻곤 한다.

+ 글자를 쓰는 것이 즐겁다.
+ 필기구를 가지고 다니지 않으면 왠지 불안하다.
+ 종이에 써 나갈 때 비로소 보이는 것이 있다.

위 내용은 지금까지 많은 사람에게 물어서 얻어 낸 '쓰는 행위'에 대한 이유다. 거기서 얻은 나 자신의 경험도 넣어 이번 장을 시작해 보겠다.

무엇보다 어떤 분야건 이미 잘 알고 있는 사람에게는 굳이 설명할 필요가 없다. 관심이 없는 사람, 오히려 싫어하는 사람, 또는 더 많이 알고 싶은데 방법을 모르는 사람들을 위해 새로운 관점에서 얘기해 나가고 싶다는 마음이 이 책을 쓰게 만든 원동력이다.

전자기기 전성시대인 지금, 필기구로 글을 쓰는 행위의 가치는 뭘까? 그것은 '글을 쓰거나 그림을 그리기까지의 대단한 과정'과 '손으로 쓰인 것에 들어 있는 많은 정보량'이 아닐까 생각한다. 몇 가지 지식과 경험을 바탕으로 필기구와 종이를 고르고, 필기할 때의 감촉을 확인하면서 글자를 쓰는 일. 종이에 쓰인 그 사람만의 필적이나 선. 고작 '감사합니다' 다섯 글자라고 해도 그것이 손으로 직접 쓴 글이라면 상대방은 그 안에서 많은 요소를 알아낼 수 있을 것이다.

또한, 업무 계획을 전개해 나가기 위한 스케치의 경우도 사용하는 필기구의 필기감이나 잉크의 차이에 따라 진척 상황이 달라지는 경우도 있다. 똑같이 A 지점에서 B 지점으로 간다 해도 '이동'과 '여행'의 의미가 다르듯 손으로 직접 쓰는 행위에는 전자 텍스트와는 다른 개성의 표현이나 마음의 전달, 기분의 고양 등이 절로 넘쳐 난다.

그렇다면 구체적으로 어디서부터 들어가면 좋을까? 먼저 상대방, 즉 필기구와 종이를 아는 것에서부터 시작해 보자.

## 손글씨의 포인트는 세 가지

손글씨를 쏠 때 먼저 생각해야 하는 것은 역시 '어떤 필기구를 사용할 것인가?'다. 일상적으로 사용하는 볼펜, 학창시절에 많이 썼던 샤프펜슬, 최근 인기를 되찾고 있는 만년필 등 여러 가지가 있다. 필기구에 따라 당연히 글자의 형태도 크게 달라진다. 이것 말고도 중요한 요소가 두 가지 더 있다. 바로 '쓰는 방법'과 '사용하는 종이'다.

먼저 쓰는 방법에 대해서 얘기해 보자. 필기구는 어렸을 적부터 당연하게 사용해 온 것이므로 쓰는 방법을 새삼 다시 생각해 보는 기회는 적으리라 생각한다. 필기구를 잡는 방법에서는 필기구 본체의 어느 부분을 어떻게 잡을 것인지, 본체를 유지하는 각도는 어떻게 할 것인지 등을 고려해야 한다. 다음은 펜을 누르는 힘, 즉 필압이다. 필기구마다 각각 쾌적하게 쓰기 위한 적절한 필압이 있는데, 그 적정 값이 제품에 명시되어 있는 것은 아니다. 쓰는 사람이 펜 끝에 어느 정도의 압력을 주면 좋을지를 생각하면서 쓰는 것이다.

그런데 사실은 이 필압을 의식하지 않는 사람이나 필압이라는 개념 자체를 모르는 사람이 의외로 많다. 지금은 가벼운 감촉의 필기구가 많아지고 있어서 그만큼 적절한 필압의 정답 폭은 매우 좁아지고 있다. 이를 의식하느냐 아니냐에 따라 손글씨를 쓰는 쾌적함에 큰 차이가 나타난다.

그 밖에 어떠한 글자를 쓰는지도 중요하다. 글자 크기나 서체 등의 문제다. 필기구의 특성을 이해한 상태에서 글을 쓰면 필기구의 능력을 최대한으로 끌어낼 수 있다.

마지막으로 '사용하는 종이'에 대해서 말하자면, 필기구와 종이를 한 세트로 설명해야 한다고 생각한다. 필기구는 대부분 종이에 대고 사용하므로 필기구의 감촉이나 글자의 완성은 종이에도 달렸다. 나는 오래전부터 필기구를 종이와 세트로 평가해야 한다고 주장해 왔다. 웹사이트나 저서, 잡지에 기고할 때마다 '필기구와 종이의 합'이 중요하다고 설명하곤 했었는데, 지금은 이러한 생각이 문구의 세계에서는 당연한 것으로 여겨지고 있어서 기쁘다.

그렇다면 이 다음부터는 구체적인 예시와 더불어 필기구에 관한 즐거운 이야기를 풀어 나가 보겠다.

# 광대한 볼펜 월드

사회인에게 일상적인 필기구라고 하면 먼저 볼펜을 들 수 있다. 수첩과 세트로 휴대하기도 하고 서류를 제출할 때도 부담 없이 사용할 수 있다. 볼펜은 편리한 사용감과 더불어 다양한 색상, 다양한 기능, 값싼 것에서부터 고급품까지 폭이 넓다는 측면에서 문구점에서도 가장 종류가 많은 필기구다.

여기서 잠시 일본 볼펜의 역사를 살펴보자. 제2차 세계대전 후 얼마 되지 않은 무렵에는 서류나 장부를 작성할 때 병에 든 잉크에 펜촉을 적셔 가며 쓰는 '딥펜Dip pen'이 주류였다. 한편 휴대하는 용도나 취미로 소장하는 고급품으로서 잉크가 축(펜을 이루는 요소 중 우리가 실제 손에 쥐는 기다란 펜대) 안에 내장된 만년필도 쓰였다. 딥펜과는 연속적인 필기가 가능하다는 차이가 있었다. 그때 해외에서 개발된 볼펜이 등장한다.

일본에서 최초로 실용적인 볼펜을 양산한 것은 지금도 여러 가지 필기구를 개발하고 있는 오토OHTO 주식회사다. 초기 볼펜은 잉크의 분류상 '유성 볼펜' 타입이었다. 염료 등을 유기 용제에 녹인 잉크를 가느다란 튜브에 충전하고, 팁(펜 끝부분의 부품)에 회전하는 금속제 볼을 갖춘 볼펜 리필심을 나무나 수지로 만들어진 본체 축 안에 넣은 제품이었다. 만년필과 비교하면 잉크가 마르거나 새는 일도 훨씬 적고, 병 잉크가 필요한 딥펜과 달리 계속해서 많은 글자를 쓸 수 있었다.

유성 볼펜은 글자가 물 때문에 번지는 일도 없고, 펜을 누르는 힘을 비교적 세게 가할 수 있어서 복사 전표를 쓰는 데도 적합했다. 이러한 여러 가지 특징이 손글씨 전성시대의 관공서나 기업의 요구와 맞물려 딥펜과 만년필 시대에서 볼펜의 시대로 옮겨 가게 된다.

잉크가 들어 있는 튜브와 볼이 갖춰진 펜촉. 얼핏 보기에는 단순한 구조이지만 그 후에도 볼펜은 여러 가지 개량이 이루어진다. 특히 반세기에 걸쳐 일본 제조사들이 볼펜의 개량과 개발에 힘썼다. 눈부신 성과를 이뤄내어 지금까지 혁신적인 상품들이 탄생했다.

예를 들면 수지 소재 팁과 수성 잉크를 조합한 부드럽고 가벼운 필기감의 '수성 볼펜'이나 수성 매체에 안료 등을 섞어 가벼운 필기감, 명료한 선, 내수성 및 내광성을 겸비한 '겔 잉크 볼펜', 유성 볼펜을 토대로 개량하여 매우 부드러운 필기감을 실현한 미쓰비시 연필 주식회사의 제트스트림Jet Stream 등이 있다. 모두 일본뿐 아니라 해외에서도 큰 인기를 끌었다.

이처럼 사용감이 좋은 최신 볼펜의 경우 평소 필기구를 빈번하게 사용하는 학생이나 문구 마니아들 사이에서는 널리 알려져 있다. 반면에 볼펜이라면 아직도 '필기감이 뻑뻑하고 잉크 찌끼가 나오는 성가신 필기구'라고 생각하는 사람도 여전히 많다. 어느 사이엔가 수많은 종류의 잉크와 품종을 갖추게 된 볼펜의 세계를, 이제부터 소개하는 구체적인 제품과 더불어 체험해 보기 바란다.

✳ 파카 '조터'

파카PARKER는 오랜 역사를 자랑하는 해외 필기구 브랜드다. 나와 같은 50대 이상은 볼펜이라고 하면 파카 또는 미국의 크로스CROSS를 꼽는 사람이 많을 것이다. 지금과 달리 해외여행이 드물었던 시대에 단골 선물 중 하나였기 때문이다. 파카의 대표적 품목인 조터Jotter의 베이식 모델은 금속+수지 몸체의 노크식 볼펜으로 펜 클립은 화살의 깃을 본떠 디자인했다. 이 제품은 파카의 아이콘 그 자체라고 해도 무방하다.

조터를 먼저 소개하는 이유는 내장된 리필심에 주목했으면 해서다. 펜촉에서부터 뒤쪽으로 갈수록 지름이 커지는 금속 방망이 모양의 리필심 뒤쪽 끝에는 수지 소재의 들쭉날쭉한 톱니가 있다. 이 톱니는 노크 버튼을 누를 때마다 펜촉을 회전시켜 펜촉이 한쪽만 닳는 것을 방지하기 위한 것이다.

이러한 파카의 리필심 형태는 리필심 특허권 종료 후 파카 외의 전 세계 필기구 제조사들이 채택하기도 했다. 이른바 '파카 타입'이라고 불리는 리필심이다. 내가 가지고 있는 볼펜 중에도 파카 타입 리필심을 끼워 사용할 수 있는 타사 볼펜이 다섯 자루나 있다. 어느 제조사의 볼펜이든 위에서 설명한 형태의 리필심이 들어가 있다면 다른 파카 타입 모델에도 사용할 수 있다.

볼펜을 알려면 먼저 리필심을 이해해야 한다고 생각하는 나로서는 파카 타입은 리필심을 공부하기 위한 출발점이다. 또한, 현재 조터에 표준으로 장착된 리필심은 종래의 유성 볼펜을 개량해서 글을 쓸 때 매끄러운 필기감을 높인 큉크 플로우Quink Flow라는 타입이다.

최근 들어 파카가 조터의 부흥을 꾀하는지 많은 문구 전문점에서 조터의 모습을 찾아볼 수 있다. 조터 중 가장 저렴한 모델은 소비자가격 1,000엔대 초반으로 부담이 크지 않은데 그 포멀한 외관은 고객과 중요한 미팅을 할 때 사용해도 충분할 정도다. 사회인이 되었다고 해서 갑자기 비싼 필기구를 살 필요는 없다. 얇은 수첩에 조터 한 자루를 조합한 적당히 클래식하면서도 베이식한 구성은 사회 초년생에게도 잘 어울린다.

파카의 대표작 '조터'. 합리적인 가격에 적당한 포멀함을 갖춘 외관.
여기에 사용되는 리필심은 볼펜을 배우는 첫걸음이 되기도 한다.

### ☀ 라미 '알스타'

기능적으로도 우수한 어른용 볼펜으로 자신 있게 추천할 수 있는 것이 독일에 본사를 둔 라미의 알스타Al-Star 볼펜이다. 알루미늄 본체 축에 고급스러운 반투명 수지 소재 그립을 조합한 아름다운 형태가 특징이다. 파카의 조터가 볼펜의 클래식이라고 한다면 알스타는 모던한 디자인의 왕이라는 느낌이다. 가지고 있는 필기구에 알스타 하나만 추가해도 휴대하고 다니는 물건의 외관이 껑충 레벨업된다.

걸모양만 멋진 게 아니다. 축의 굵기, 편리한 휴대성, 가슴 주머니에 끼우는 펜 클립의 편리한 사용감까지 좋은 도구로서의 조건도 겸비하고 있다. 알스타 디자인의 원형인 올 수지 보디의 '사파리 볼펜'도 판매되고 있는데, 두 제품은 세부적인 모양이나 치수가 미묘하게 다르다. 어느 쪽이 자신의 손에 잘 맞는지는 실물로 확인해 보자.

사용하고 있는 리필심은 라미 전용의 'M16'이다. 잉크로 분류하면 예전부터 있었던 유성 볼펜이면서 종이를 더럽히는 여분의 잉크 배출, 이른바 잉크 찌끼가 적은 것이 장점이다. 유성 볼펜의 이점은 잉크가 비교적 천천히 소모된다는 점이다. 출장 업무나 외부 업무가 많은 사람은 유성 볼펜을 한 자루 상비해 두면 안심할 수 있다.

나는 이 리필심의 경우 M(medium=중간 촉)의 파란색 잉크를 좋아한다. 유럽에서는 지금도 만년필이나 볼펜은 파란색 잉크가 표준이다. 라미의 약간 밝은 블루로 필기를 하면 평소와는 조금 다른 느낌으로 기분이 전환되어 업무를 볼 수 있을 것이다.

### ☼ 로트링 '포인원'

볼펜을 이해하는 데 빼놓을 수 없는 것이 '멀티펜' 또는 '다기능 펜'으로 불리는 제품이다. 하나의 본체 축 안에 여러 볼펜 리필심이나 샤프펜슬 등을 내장하여 복수의 기능을 갖추고 있는 것을 가리킨다. 리필심만을 여러 개 내장한 것은 다기능 펜과 구별하는 의미로 '다색 볼펜'이라고 부르기도 한다.

동네 문구점에는 자신이 좋아하는 볼펜 리필심을 골라 투명한 수지 본체 축에 세팅하여 사용하는 비교적 값싼 제품이 많은데, 여기서는 금속 몸체의 포인원4in1이라는 제품을 소개해 보겠다.

포인원은 명칭에서도 알 수 있듯이 네 가지 필기 기능이 합쳐진 제품이다. 검정, 빨강, 파랑의 3색 볼펜과 0.5mm 샤프펜슬 하나로 이뤄져 있다. 이 제품을 소개하는 이유는 볼펜의 리필심에 있다. 금속제로 총 길이가 약 67mm이고 지름이 2.4mm 정도인 작은 리필심은 파카 타입의 리필심과 마찬가지로 국내외 많은 제조사가 채택하고 있다(제조사에 따라 약간의 차이는 있다). 이 크기의 리필심은 제조사의 보증 대상에서 제외되기는 하지만 각 사에서 나온 좋아하는 품목의 리필심으로 바꿔 쓸 수 있다.

로트링ROTRING은 독일에서 탄생한 브랜드로 제도 용품과 필기구를 취급한다. 로트링의 포인원은 편리한 멀티펜이면서 격식을 차려야 하는 비즈니스 현장에서도 사용할 수 있는 고급스러운 외관이 포인트다.

☼ 제브라 '사라사 클립'

제브라는 예전부터 양질의 볼펜을 개발하고 있는 믿을 만한 제조사다. 사라사 클립SARASA Clip은 수성 안료인 겔 잉크 리필심(제브라에서는 젤 잉크라고 부름)을 갖춘 볼펜이다. 펜촉은 0.3mm에서 1mm까지 5종류이며 안료 잉크의 우수한 발색력을 살렸다. 46가지 컬러 라인업을 갖춘, 겔 잉크 볼펜계의 인기 모델이다. 이 사라사 클립과 같은 리필심을 사용하면서 본체 축은 금속제인 상위 모델 '사라사 그랜드SARASA Grand'도 있다.

　많은 제조사들이 겔 잉크 볼펜을 만들고 있지만, 글을 쓸 때의 필기감이나 잉크가 용지에 닿을 때의 기분 좋은 느낌 등은 회사별로 미묘하게 다르다. 그중에서도 사라사 클립은 겔 잉크 볼펜으로서의 장점을 잘 살리고 있다. 전국 어디서나 구하기 쉽고 잉크 색깔이나 펜촉의 굵기를 여러 가지로 고를 수 있다는 점도 추천 포인트다.

　일반적으로 겔 잉크 볼펜은 용지 종류를 가린다거나 유성 볼펜보다 잉크를 소모하는 속도가 빠르다는 등의 해결 과제가 남아 있기는 하지만, 가벼운 필기감으로 글자를 또렷하게 쓸 수 있다는 점에서 지금은 비즈니스 현장에서도 유용한 필기구로 자리매김하고 있다. 만일 처음으로 겔 잉크 볼펜을 구매하고자 한다면 먼저 사라사 클립을 사용해 보길 추천한다.

### ※ 펜텔 '에너겔'

펜텔의 에너겔Energel도 사라사 시리즈와 마찬가지로 겔 잉크 볼펜이다. 에너겔도 여러 가지 펜촉 굵기와 잉크 색상을 갖추고 있는데, 여기서는 '노크식 에너겔'의 펜촉 0.5mm를 소개하겠다. 굳이 0.5mm를 꼽는 이유는 펜촉의 모양 때문이다. 대개의 볼펜은 펜촉이 콘형(원뿔)으로 되어 있다. 한편 노크식 에너겔의 0.5mm, 0.4mm, 0.3mm의 펜촉은 조금 가늘고 길게 가공된 니들형(바늘)이다. 니들형은 쓰는 사람이 펜촉 주변을 한눈에 볼 수 있고 그 뾰족한 형상에서 오는 심리적인 요인도 한몫해서 쓰고자 하는 부분에 정확하게 펜촉을 가져다 댈 수 있다는 이점이 있다. 특히 0.5mm는 일반적인 필기에 가장 적합한 펜촉 굵기와 매끄러운 잉크의 균형이 좋아서 내 주변 문구 마니아들 사이에서도 높은 평가를 받고 있다.

### ☼ 미쓰비시 연필 주식회사 '유니볼 시그노 RT1'

겔 잉크 볼펜의 개발은 꾸준히 이어지고 있고 최근에는 극세 펜촉을 지닌 제품이 여러 회사에서 발매되고 있다. 펜촉을 매우 가늘게 만들려면 펜 끝부분도 그에 상응하는 구조와 정밀도를 갖춰야 하며 잉크도 극세 전용으로 제조해야 한다. 그렇게 개발된 제품을 통해 작은 글자를 명료한 선으로 매끄럽게 쓸 수 있는 것이다.

그런데 펜촉을 매우 가늘게 하면 피치 못할 문제가 생긴다. 바로 펜 끝부분의 흔들거림이다. 사용자 입장에서는 노크 버튼 하나로 펜촉을 넣었다 뺐다 하는 방식이 편리하다. 그런데 노크식은 펜촉과 펜 끝부분 선단부 구멍 사이에 일정 틈새가 필요한데, 이것이 흔들거림을 유발하는 원인이 된다. 극세 펜촉으로 작은 글자를 쓰려면 한층 더 신경이 쓰인다. 틈새 크기뿐 아니라 펜촉과 꼭지쇠의 형상이나 소재 선정, 각 부품의 위치 관계 설정에 따라서도 흔들거리는 느낌에 차이가 나타난다.

이 책을 집필하는 시점에 각 회사의 최신 극세 겔 잉크 볼펜을 비교한 결과, 나는 미쓰비시 연필에서 생산하는 유니볼 시그노 RT1의 0.38mm(이하 시그노 RT1) 모델을 밀어주고 싶어졌다.

시그노 RT1의 경우도 흔들거림이 있기는 하지만, 각 부품들이 정밀하게 세팅된 덕분인지 필기 중에는 흔들거림이 크게 느껴지지 않아 필기에 집중할 수 있다. 잉크도 제법 건조한 편이라 글을 쓸 때면 사각사각 단단한 감촉이 있지만, 처음부터 끝까지 일정하게 명료한 선이 유지되어 매우 작은 글자도 예쁘게 쓸 수 있다.

소형 노트나 수첩에 작은 글씨를 써야 할 때가 종종 있는데, 나는 시그노 RT1 다섯 자루를 집과 사무실에 각각 두고 동시에 사용하고 있다. 많은 필기구 제조사들이 극세 겔 잉크 볼펜의 개발에 힘쓰고 있다. 독자 여러분도 여러 가지 제품을 비교하면서 써 보기 바란다.

## ☼ 파이롯트 '프릭션'

온도 변화에 따라 잉크 색이 변화하며 '문지르면 사라지는 기능'을 실용화시킨 획기적인 볼펜이 파이롯트PILOT의 프릭션 Friction 시리즈다. 사용하든 사용하지 않든 이 시리즈의 구조를 알아 둬서 손해 볼 일은 없다고 생각한다.

프릭션은 영상 60도 쯤에서 잉크의 색감이 사라지고 영하 10도 정도(제조사에서 공표한 값)부터 색감이 다시 나타나도록 만들어진 '프릭션 잉크'가 충전된 볼펜이다. 상온에서는 보통의 볼펜과 다를 바 없이 사용할 수 있으며, 제품에 내장된 고무 소재로 글자를 문지르면 마찰열로 인해 잉크색이 사라진다. 분류상으로는 겔 잉크 볼펜에 속한다.

이렇게나 교묘한 재주를 지니고 있는 데다가 본체의 종류도 잉크의 색상도 다양해 일본뿐 아니라 해외 일부에서도 크게 히트했다. 외관은 보통의 볼펜과 비슷하여 눈에 확 띄지는 않지만, 상당히 넓은 면적에 걸쳐 이 볼펜을 진열해 둔 문구점들도 있다.

볼펜의 또렷한 필적을, 연필로 쓴 글씨를 지우듯 깨끗이 지우는 것은 문구 팬뿐 아니라 일반 사용자에게도 오랜 바람이었다. 고쳐 써야 하는 경우가 많은 수첩, 복사나 스캔, 팩스 송신 등을 전제로 한 자필 문서 등 다양한 상황에서 언제든 수정 가능한 볼펜의 위력이 발휘된다.

상품화된 지 10년밖에 안 되는 제품이라서 잉크도 펜촉도 꾸준히 개량되고 있다. 글을 쓸 때의 필기감은 펜촉의 굵기나 용지에 따라서는 약간 단단한 경질의 느낌이 드는 경우가 있다. 펜을 누르는 힘을 가능한 한 작게 하여 펜촉에서 잉크가 가장 잘 나오는 각도를 찾으면서 잉크를 종이 위에 얹는다는 느낌으로 써 나가면 매끄럽다.

프릭션을 사용할 때는 두세 가지 주의점이 있다. 먼저 고온에서 글자가 지워지는 성질이 있으므로 난방 기구 주변이나 자동차 내부, 직사광선이 내리쬐는 장소, 주머니에 메모를 넣어둔 채로 다림질하는 경우 등 고온의 환경에 주의하자. 또, 화학적 작용으로 색감이 변하기도 하므로 장기간 보관을 했다가 다시 볼 수도 있는 문서에 사용하는 것은 만일을 위해 피하는 편이 좋겠다. 같은 이유로 증서나 수신인이 기재된 문서 등에 사용하지 않는 것을 권한다.

프릭션은 보통의 볼펜과 비슷하면서도 보통의 볼펜에는 없는 기능을 실현한 새로운 필기도구다. 이러한 장점을 어디까지 끌어낼 수 있을지 즐기면서 사용해 보자.

이상 볼펜의 세계를 대략적으로 훑어보았다. 다음은 이 제품들을 잘 조합한 실용적인 활용 사례를 소개하겠다.

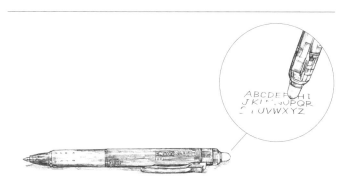

글자를 지울 수 있는 볼펜 '프릭션 볼 노크'. 잉크 색깔도 다양해서
수첩 스케줄 칸에 필기할 때 유용하게 사용할 수 있다.

✳ 굵은 촉과 가는 촉의 두 가지 '겔 잉크 볼펜'

끈적끈적한 잉크와 살짝 긁힌 것처럼 잔줄이 있는 글자. 예전에는 당연시했던 볼펜의 이런 성질을 개선한 것이 바로 겔 잉크 볼펜이다. 수성 매체에 안료(염료인 경우도 있음)나 첨가제를 더한 겔(반고체) 상태의 잉크가 튜브에 충전되어 있다.

이 잉크는 볼의 회전과 더불어 점도가 떨어지면서 신속하게 종이 위에 전개되고 그 후 다시 반고체 상태가 되어 종이 위에 정착한다. 이런 작용으로 또렷한 선과 쾌적한 필기감, 잉크의 내수성 및 내광성 등 여러 부분이 개선된 겔 잉크는 볼펜을 단번에 현대적인 필기구로 부상시킨 주역이다. 또한, 겔 잉크 볼펜은 선폭의 종류가 풍부하다는 점도 특징이다. 굵든 가늘든 선이 선명하다.

내 책상에는 굵은 펜과 극세 펜이라는 상반된 두 자루의 펜이 항상 놓여 있다. 전자는 제브라의 사라사 클립 1.0(검정), 후자는 미쓰비시 연필의 유니볼 시그노 RT1 0.38mm(검정)이다. 사라사 클립 1.0은 이름에서도 짐작할 수 있듯이 선폭 1mm(공칭)의 굵은 촉이 특징으로 이 굵은 펜촉에 겔 잉크의 장점이 조합되었으니 그야말로 강력하다.

글자를 휘갈겨 쓰든 천천히 또박또박 쓰든 잉크 배출량이 적당하고 선이 도중에 끊어지는 일이 없으며 펜을 누르는 힘을 달리해도 필기감의 변화가 적어서 적당히 대충 써도 글자가 또렷하다. 그래서 종이 표면이 까끌까끌 거친 질감의 노트를 한 손에 들고 써야 하는 상황이라도 문제없다. 예를 들면 구술 내용의 요점을 글로 남겨야 하는 때에 사용하는 필기구로도 충분하다.

촉이 굵고 잉크 배출량도 충분해서 펜을 쥐는 방법이나 펜을 누르는 힘에 제약은 없지만, 이왕이면 A5 이상의 큼지막한 노트에 시원시원하게 쓸 때 적합할 것 같다. 나는 업무 시에 쓰는 A4크기 수주 전표의 체크리스트 칸에 글자를 적어 넣어야 할 때 사라사 클립 1.0을 사용하고 있다.

또, 이 펜은 (유성 볼펜이 아니라서 제조사에서는 권장하지 않지만) 필압 조절만 잘 한다면 택배 전표 등과 같이 여러 겹으로 이루어진 복사용지에도 유용하게 사용할 수 있다. 이처럼 촉이 굵은 겔 잉크 펜은 한 자루만 가지고 있어도 여러 가지 업무를 처리할 수 있는 편리함이 있다.

한편, 촉이 매우 가는 시그노 RT1은 수첩 등 소형 노트에 필기할 때 사용한다. 촉이 가늘어도 선이 매우 예쁘게 그려진 다. 시그노 RT1에는 한층 더 가는 0.28mm 제품도 있는데, 나는 0.38mm에서 느껴지는 '사각사각'과 '매끈매끈'의 균형감 있는 필기감이 마음에 든다.

다만 극세 겔 잉크 펜의 경우 필기를 마친 순간 잉크가 뚝 끊어지는 현상이 있는데, 시그노 RT1이라면 괜찮다. 이 정도로 펜촉이 가늘다면 필기구를 쥘 때의 각도를 약간 수직에 가깝게 한다거나 필압을 적당히 조절한다거나 필기 속도를 적정하게 조절하는 등 잉크가 가장 짙어지는 포인트를 항상 살피면서 사용한다. 기재할 문장의 내용과 깔끔한 선의 실현이라는 두 요소를 동시에 생각하면서 펜을 움직이는 행위는 신선하다. 매우 작은 글자를 쓸 수 있으므로 5mm의 모눈 노트에 글자를 빼곡하게 적는 식으로 사용하고 있다.

사라사 클립 1.0과 시그노 RT1. 양쪽 모두 겔 잉크 펜 특유의 선명한 선을 실현해 준다. 이 두 자루의 볼펜이 책상 위에 놓여 있으면 어떤 때건 또렷한 글자를 지면에 남길 수 있다.

## ☼ '프릭션 볼 연필'로 플래닝

앞서 소개한 파이롯트의 지울 수 있는 볼펜 프릭션. 이 시리즈의 중심은 펜촉의 굵기가 0.38~0.5mm 정도로 가는 펜촉에 가까운 제품이다. 소형 노트나 수첩 따위에 필기할 때 알맞고 편의점에서도 쉽게 구할 수 있다. 이 밖에도 프릭션에는 펜촉이 매우 굵은 것도 있다.

여기서 소개하려는 제품은 '프릭션 볼 연필'이다. 명칭이 연필일 뿐 볼펜 시리즈와 마찬가지로 지워지는 잉크가 들어 있다. 펜촉은 0.7mm이며 제품의 외관은 비즈니스 용이라기보다 그림 도구라는 느낌이지만 업무 시 사용하기에도 적합하다. 무엇보다 펜촉이 굵어서 필기감은 까끌까끌하지 않고 살짝 끈적한 느낌이다. 가능한 한 힘을 주지 말고 매끄러운 터치감을 유지하면서 써 보자. 다행히 (노크 버튼으로 심을 넣었다 뺐다 하지 않는) 고정식이라 필압 조절이 쉽다.

펜촉이 0.7mm나 되면 글자는 살짝 큼직한 편이 좋다. 함께 사용하는 종이도 큼직한 사이즈의 것이 좋겠다. A4 정도의 용지에 업무의 추진 방향을 생각하면서 글이나 도표를 시원시원하게 전개해 나가는 데는 프릭션 볼 연필만 한 게 없을 정도로 편리하다.

조그맣게 그리고 빈틈없이 꽉꽉 채워 가며 필기하는 사람이 있는가 하면 큼직큼직하게 쓰는 것을 좋아하는 사람도 있게 마련이다. 후자의 경우 0.7mm의 프릭션이 적합하다. 여러 사람이 한 가지 사안을 검토할 때는 커다란 종이에 써서 함께 확인하는 것이 효과적이다. 프릭션이라면 큼직큼직 써 놓은 글자가 설령 틀렸더라도 얼마든지 수정할 수 있다.

프릭션 볼 연필은 색상이 풍부하게 갖춰져 있다는 것도 장점이다. 프릭션의 비즈니스용 상품의 잉크는 검정, 파랑, 빨강이 중심을 이룬다. 그런데 프릭션 볼 연필은 선명한 24가지 색상을 갖추고 있다. 지울 수 있는 기능에 다양한 색상까지 갖추고 있다는 것이 놀랍다. 필기하는 내용을 분류하거나 중요도에 따라 색을 구분해 쓰거나 자신이 좋아하는 색을 몇 가지 조합해서 쓰는 등 자유롭게 사용하기 좋다.

## 놀라울 만큼 진화한 샤프펜슬

지름 2mm 정도의 흑연심을 목재로 감싸 육각형 축으로 완성한 현재와 같은 모양의 '연필'은 19세기 중반에 양산되기 시작했다. 단순하고 합리적인 형태 덕분에 지금도 세계 곳곳에서 사용되고 있는 필기구다.

나무 축과 심이 단단하게 밀착되어 심 끝에 흔들거림이 없으므로 쓰는 사람의 손이나 손가락의 미묘한 제어를 정확하게 지면에 전달해 준다. 또한, 연필의 경우 사용자가 무의식적으로 나무 축을 돌려가면서 쓰기 때문에 심 끝의 모양이 적당히 둥그스름해서 원하는 방향으로 선을 그려 나갈 수 있다. 연필로 쓴 자신의 글자가 의외로 예쁘다고 느끼는 데는 모두 이런 이유가 있다. 단점을 굳이 꼽자면 사용하면서 심이 닳을 때마다 칼이나 연필깎이로 깎아 줘야 한다는 점이다.

한편 연필깎이를 사용하지 않아도 심 끝이 항상 뾰족하고 날카로운 연필이 있는데, 바로 샤프펜슬이다. 샤프펜 또는 샤프라고 부르기도 한다. 샤프펜슬의 원형은 육각형 축의 연필이 탄생하기 전부터 존재했다. 당시의 샤프펜슬은 본체 축 안에 있는 나선 기구에 가는 심 1개를 넣고 본체 축을 돌려서 심이 나오게 하는 회전식 심 배출 방식이 주류였다.

이후 현재와 같이 노크 버튼으로 심을 배출시키는 노크식 샤프펜슬이 탄생하여 최근 반세기 동안 급속하게 퍼졌다. 노크 버튼을 누르면 심이 배출되고 심을 다 쓰면 본체 축 안에 넣어 뒀던 예비 심을 자연스레 사용하게 된다. 지금은 당연한 일이 되었지만, 많은 글자를 스트레스 없이 계속 쓰는 데는 매우 중요한 구조다.

그리고 샤프펜슬의 보급을 뒷받침한 것은 다름이 아니라 샤프펜슬용 흑연심(이하 샤프심)의 진화였다고 할 수 있다. 예전에는 지름 1mm를 훨씬 웃돌았던 심이 샤프심의 재료와 제조법 개량을 통해 점점 가늘어지는 데다가 쉽게 부러지지 않게 되면서 한자의 가늘고 복잡한 선도 어려움 없이 쓸 수 있게 되었다. 양질의 샤프심 개발은 눈부신 발전을 이뤄 1mm 미만의 양산품에서는 0.9mm, 0.7mm, 0.5mm, 0.4mm, 0.3mm, 0.2mm의 라인업이 완성되었다. 콘셉트 모델로 0.1mm의 제품도 등장하고 있다.

샤프펜슬은 학교나 학원에서 모두가 사용하던 이른바 '공부 친구'다. 그런데 사회인이 되고 나서는 샤프펜슬을 전혀 사용하지 않게 되었다는 얘기를 종종 듣는다. 그도 그럴 것이 칠판의 내용을 공책에 베껴 쓰는 일도, 노트에 끊임없이 계산식을 쓰는 일도 더 이상 할 필요가 없어졌기 때문일 것이다. 어른이 된 이후에도 연필이나 샤프펜슬을 사용한다면 어떤 이점이

있을까? 이번 장 후반부에서는 이 점에 대해서 언급해 보고자
한다.

또 하나 샤프펜슬에 관해 눈여겨볼 만한 점이 있다. 최근
10년 정도 사이에 왕성하게 사용되고 있는, 심 끝을 제어하는
다양한 신제품에 대해서다. 앞서 말했듯이 나는 2005년에 필
기구에 관한 책을 썼다. 그때 샤프펜슬에 대한 항목에서 "샤프
펜슬의 심을 확대해서 보면 원기둥꼴을 이루고 있다. 그대로
쓰다 보면 원기둥이 비스듬히 깎여 심과 지면과의 접촉 면적이
커져서 글자가 굵고 희미해진다. 그러므로 샤프펜슬의 본체 축
을 약간씩 돌려 가면서 사용해 심이 한쪽만 닳는 것을 방지하
자."라고 서술한 바가 있다.

그런데 그 후에, 쓰다 보면 심 자체가 자동으로 회전하여 심
이 한쪽만 닳는 것을 방지하는 제품이 등장했다. 바로 샤프펜
슬의 대히트 상품이 된 미쓰비시 연필의 '쿠루토가'다. 그 밖에
심이 잘 부러지지 않게 교묘한 구조를 갖춘 제품이나 매우 가
는 0.2mm 심의 이점을 최대한으로 끌어낸 제품 등 샤프펜슬
의 세계는 놀라울 정도로 진화하고 있다. 그렇다면 이제 샤프
펜슬의 동향을 빠르게 파악하기 위해 주요 제품을 살펴보자.

※ 펜텔 '그래프 1000 for PRO'
펜텔은 1960년에 현재 보급되고 있는 근대적 구조를 갖춘 노
크식 샤프펜슬을 상품화한 제조사다. 쓰기 쉽고 잘 부러지지
않는 새로운 제조법의 샤프심 '하이 폴리머 심'도 같은 해에 개
발되었다.

더불어 다양한 지름의 샤프심 라인업을 이른 시기에 갖춘 점도 주목할 만하다. 펜텔의 지름 0.9mm, 0.7mm, 0.5mm, 0.4mm, 0.3mm, 0.2mm 등의 샤프심은 동사의 '제도용 샤프펜슬'에 채택되었다. 제도용 샤프펜슬은 기계나 건축 등 설계 도면에 사용하는 것을 목적으로 개발된 제품이다. 심 끝을 자에 갖다 대도 쓰기 쉬운 기다란 슬립(심을 보호하는 가늘고 긴 파이프)이나 손가락이 미끄러지는 것을 막아 주는 그립 등이 갖춰진, 일반 필기 용도와는 조금 다른 사양의 샤프펜슬이다.

펜텔의 제도용 샤프펜슬은 지금까지 많은 종류가 개발되었는데, 그중에서도 스마트한 외관을 자랑하며 일반 필기 용도로도 사용하고 싶게 만드는 모델이 있다. 바로 그래프 1000 for PRO(이하 그래프 1000)다. 슬림한 스타일에 광택감이 있는 부품을 최소한으로 사용한 블랙 컬러의 몸체. 그립 부분에는 미끄럼 방지를 위한 부드러운 소재를 세로로 긴 형태의 구멍을 통해 노출시키는 등 공을 많이 들였다. 펜 선단부의 디자인도 여러 단으로 나뉜 원기둥꼴로 아름다운 완성도를 보여주고 있다.

심은 0.9mm, 0.7mm, 0.5mm, 0.4mm, 0.3mm로 5종류다. 세련된 외관을 보고 있노라면 등장한 지 30년이 넘었다는 사실이 그저 놀라울 따름이다. 내가 대학에 다닐 때 기계 설계 제도 수업 시간에 이 제품을 사용했었으니 그만큼 오랜 세월을 버틴 필기구다.

이 그래프 1000의 경우, 요즈음 개발되고 있는 샤프펜슬들과 비교하면 그저 보통의 샤프펜슬임에도 심 끝의 공작 정밀도에서부터 기구 부분의 신뢰성에 이르기까지 업무에 사용하는 데 더할 나위 없는 사양이라는 점이 특징이다. 샤프펜슬이라고 하면 100엔 전후의 부담 없는 제품을 상상하기 쉬운데, 그래프 1000은 이것 하나만으로 책상 위의 풍경을 근사해 보이게 해 줄 정도로 존재감이 넘치는 모델이다.

나는 이 그래프 1000을 샤프펜슬의 참고 기준(비교 대조를 위한 제품)으로 삼고 있다. 각 사의 샤프펜슬을 평가할 때 그래프 1000을 기준으로 한다. 샤프심의 필기감 또한 이 제품을 기준으로 비교한다. 혹시 업무에 사용할 샤프펜슬을 찾고 있다면 이것으로 시작해 보는 건 어떨까?

### ☼ 미쓰비시 연필 주식회사 '쿠루토가'

미쓰비시 연필 주식회사에 대해서 내가 가지고 있는 이미지는 '유니'나 '하이 유니' 등의 고품질 제품을 생산하는 연필 제조사다. 최근에는 매우 매끄러운 필기감으로 대박을 터뜨린 볼펜 제트스트림을 개발했다. 그리고 학생들에게는 샤프심이 자동으로 회전하는 획기적인 샤프펜슬 '쿠루토가'로 친근한 회사다.

한 조사에 따르면 10대 청소년들 사이에 유행하는 것 랭킹(2017년)에서 쿠루토가가 10위를 차지했다고 한다. 랭킹 20위까지의 대부분이 라인이나 유튜브와 같은 네트워크 서비스 명칭이나 유명 연예인 이름인 가운데 특정 상품명으로 순위 안에 들어간 것은 쿠루토가뿐이었다는 점에서도 이 제품이 젊은 친구들 사이에서 얼마나 인기가 많은지 짐작이 된다. 학교나 학원 등의 커뮤니티를 통해 신제품 정보가 재빠르게 퍼지는 점도 쿠루토가의 인기를 높이는 데 도움이 되었을 것이다.

앞서 살짝 언급했지만, 쿠루토가는 글자를 쓸 때 심 끝에 걸리는 세세한 필압의 변동을 이용해 본체 축 안의 작은 기구 부품을 움직여 샤프심을 일정 각도로 회전시킴으로써 보통은 비스듬하게 한쪽만 닳게 되는 심 끝을 항상 원뿔꼴로(뾰족하게) 유지시켜 주는 구조를 갖추고 있다. 이 제품은 지금도 계속해서 개량이 이루어지고 있다. 심의 회전 속도가 기존 제품보다 두 배 빠르면서 금속제 부재를 사용한 상급 모델 '쿠루토가 어드밴스'는 꼭 추천하고 싶은 제품이다. 실제로 사용해 보면 딱히 의식하지 않아도 심 끝이 균등하게 닳고 거의 일정한 선폭을 유지해 또렷한 선으로 글자를 계속 쓸 수 있다. 바로 이런 점이 많은 글자를 쓰거나 수식을 풀어야 하는 학생들의 지지를 얻는 이유다.

일반적인 샤프펜슬로 심이 한쪽만 닳은 상태에서 필기하는 경우, 일정 농도의 선을 유지하기 위해서는 그에 걸맞는 필압이 요구된다. 또, 선의 시작과 끝이 굵은 상태인 경우도 많아지고, 이러한 상태에서는 무심코 쉽게 쓸 수 있는 둥근 글자[각지고 딱딱한 문자가 특징인 일본어를 억지로 둥그스름한 느낌을 주기 위해 쓰는 글씨체]가 되기 쉽다.

쿠루토가라면 (약간의 차이기는 하지만) 힘을 주지 않아도 짙은 글자로 완성되며 선의 굵기도 조절할 수 있고, 둥근 글자에서 벗어난 해서楷書에 가까운 글자를 쓰기도 쉬워진다. 쿠루토가는 필압이 다소 약해도 제대로 작동하므로 누르는 힘을 억제하면서 쓰는 것이 요령이다. 악력이 약해지기 시작한 시니

어층에게도 추천할 만하다.

노크식 샤프펜슬이 발매된 1960년부터 지금까지 샤프펜슬의 획기적인 개량이라고 하면 노크식 기구와 하이 폴리머 심의 등장일 것이다. 나머지는 심 끝을 보호하기 위한 몇 가지 아이디어나 흔들어서 심이 배출되도록 한 기구 등 그 수는 한정되어 있다. 그중에서도 쿠루토가의 구조는 큰 발명이며, 실제로 직접 그 효과를 확인해 보면 가치를 알 수 있을 것이다.

※ 제브라 '델가드'

앞서 소개한 쿠루토가와는 또 다른, 새로운 기구를 갖춘 제품도 등장했다. 바로 제브라ZEBRA의 델가드DelGuard다. 샤프펜슬, 특히 학생들이 흔히 사용하는 0.5mm 심이 가진 문제 중 하나는 심이 부러지는 현상이었다. 학창시절을 떠올려 보자. 수업 시간이나 시험을 볼 때 너무 몰두한 나머지 평소와 달리 노크 버튼을 마구 눌러서 심을 뺀다거나 긴장 탓에 꽉꽉 누르면서 글을 썼던 경험이 누구에게나 있을 것이다.

이전까지는 심 부러짐을 방지하는 수단의 하나로 '쿠션 기구'라고 불리는 것이 널리 보급되었다. 심의 수직 방향으로 과도한 필압이 가해지면 심이 꼭지쇠 안으로 쏙 들어가 버리는 것이다. 델가드는 이 쿠션 기구를 갖추고 있으면서도 심에 사선 방향으로 과한 힘이 가해지면 꼭지쇠가 밖으로 나와서 심을 감싸는 적극적인 심 보호 기구를 실현해 냈다.

글로 설명하자니 왠지 번거로워 보이는데, (사실 본체 내부에서는 교묘한 장치가 가동되고 있지만) 실제 써 보면 그런 구조의 존재를 전혀 알아차릴 수 없는 자연스러운 필기감을 느낄 수 있다. 꼭지쇠가 밖으로 나와도 심 끝의 위치가 거의 변함이 없어서 필기감을 크게 훼손하지 않는다. 정말로 잘 만들어진 우수한 시스템이라고 생각한다.

그렇다면 업무의 현장에서는 델가드를 어떻게 활용할 수 있을까? 쿠루토가는 긴 문장을 꼼꼼히 쓸 때 적합한 데 비해 델가드는 사용자도 사용 환경도 조금 와일드한 느낌이 어울릴 것 같다. 이를테면 샤프펜슬로 글씨를 마구 휘갈겨 쓰거나 도표를 쓱쓱 그려 나가는 식으로 거침없이 사용할 때라든지, 메모장을 손에 들어야 해서 적정한 필압 조절이 어려운 이른바 필기구와 지면의 관계가 불안정한 상태. 이러한 상황에서도 0.5mm 심의 델가드는 얼마든지 편하게 사용할 수 있다.

필기 환경이 갖춰지지 않은 곳에서는 튼튼한 0.9mm 등의 굵은 심을 사용하는 것이 적합하다고 여겨졌었지만, 델가드의 등장으로 가는 심도 선택할 수 있게 되었다. 5mm 심의 가능성을 크게 넓혀 준 이 제품도 쿠루토가와 더불어 꼭 한번 사용해 보기를 권한다.

### ☀ 까렌다쉬 '픽스펜슬'

연필과도 다르고 샤프펜슬과도 다른 약간 독특한 제품을 소개해 보겠다. 리드 홀더Lead holder 또는 홀더 펜, 심 홀더라고 불리는 제품이 바로 그것이다.(이 책에서는 심 홀더라고 부르겠다.) 2mm, 3.2mm, 5.5mm 등 보통의 샤프심보다 훨씬 굵은 흑연심을 본체 축 선단에 있는 척Chuck이라고 불리는 갈고랑이로 단단히 고정해서 사용하는 필기구다.

대개의 심 홀더는 필기구 선단 부분에 척이 노출되어 있다. 심은 이 척의 힘으로 고정되며 노크 버튼을 누르면 척이 열리고 내부의 심이 아래로 톡 떨어지게 된다. 그래서 '드롭식 펜슬'이라고도 불린다.

심 홀더는 주로 제도용 또는 그림 도구로 사용되어 왔다. 일반 소비자에게는 그다지 알려지지 않은 타입의 필기구인데 세계 곳곳에 수많은 심 홀더가 있으며 일본에서도 미쓰비시 연필이 '유니 홀더'라는 상품을 내놓고 있다. 2mm 심이라면 보통의 연필과 거의 같은 심 지름이지만 심만을 깎아서 쓰면 되기에 나무 찌꺼기가 발생하지 않고 본체 축의 전체 길이가 짧아지는 일도 없다.

이런 설명을 들으면 '심을 깎아서 쓰는 어중간한 샤프펜슬'처럼 느껴질지도 모르겠다. 하지만 연필의 사용감을 떠올려 보자. 연필은 비록 깎아야 하는 번거로움은 있으나 글씨를 쓰다 보면 심 끝이 적당히 둥그스름해지면서 깔끔하게 써지는 느낌을 즐길 수 있다. 0.9mm 정도의 심은 원기둥꼴로 이루어진 심의 선단이 필기를 진행함에 따라 어중간하게 평평해져서 그 형상의 영향으로 원하는 대로 선을 그릴 수 없는 경우가 있다.

또, 일반적으로 심 홀더는 심의 선단을 척으로 고정하기 때문에 본체 축과 심 선단에 긴밀한 일체감이 있다. 선단부나 슬리브(촉)를 매개하는 구조를 가진 샤프펜슬에서는 피할 수 없는 '심 끝의 미묘한 흔들림'이 전혀 없다. 즉 심 홀더는 보통의 샤프펜슬보다 손이 많이 가기는 해도 연필만이 가지고 있던 장점까지 갖춘 필기구라고 볼 수 있다.

세상에 나와 있는 심 홀더의 대부분은 제도 용품으로서의 기능성을 전면에 내세운 다소 딱딱한 외관이 많은데, 그림 도구와 필기구를 만드는 스위스의 제조사 까렌다쉬CARAN d'ACHE에서 나온 픽스펜슬Fixpencil은 일반적인 필기구처럼 스마트한 스타일이다. 총 길이가 짧은 모델은 140mm 정도로 콤팩트해서 가슴 주머니에도 들어간다. 심 종류는 2mm 심이 주를 이루는데 3mm 심도 있다. 노크 부분에는 심을 깎는 간이 샤프너도 내장되어 있다. 그림 도구로 사용하고자 한다면 심을 깎지 않고 사용해도 좋다.

2mm의 굵은 심이라서 선이 다소 굵어지기는 해도 표면이 거친 용지에 써도 전혀 문제없고 강한 필압을 가해 짙은 글자를 쓰기도 쉬우며 포스트잇에 쓱쓱 휘갈기기에도 적합하다.

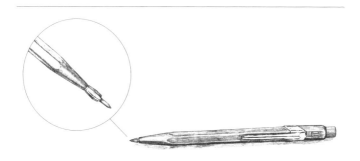

까렌다쉬의 '픽스펜슬'은 연필심과 같은 굵은 심을
튼튼한 갈고랑이로 고정하는 심 홀더.
외관이 스마트해서 인기가 많은 제품이다.

컴퓨터로 업무를 처리하는 일이 많아진 요즘, 종이와 필기구는 일을 준비하는 '감정적인 기간'을 지탱하는 도구가 되고 있다. 손가락과 심 끝의 일체감이 보증되어 의지할 수 있는 심 홀더, 특히나 픽스펜슬을 체감해 보기 바란다.

## ☀ 펜텔 '오렌즈' '오렌즈 네로'

이번에는 심 홀더와는 정반대인 극세심 제품을 살펴보기로 하자. 앞서 소개한 바와 같이 현재 문구점 등에서 살 수 있는 샤프심 중에서 가장 가는 것은 0.2mm이다. 0.2mm 심은 펜텔이 40년도 더 전에 상품화하였고 더불어 0.2mm용 샤프펜슬도 판매했다. 그런데 얼마간 이들 0.2mm 심 시리즈를 좀처럼 볼 수 없었다.

그러다가 2014년에 펜텔이 0.2mm 심의 장점을 내세운 샤프펜슬 '오렌즈' 시리즈를 발표한다. 또한, 오렌즈에 적용할 제품으로 최신 샤프심 슈타인STEIN 0.2mm도 함께 소개한다. 오렌즈의 공식 정보에 기재된 '중고생'이라는 단어나 500엔대라는 부담 없는 가격 설정에서 펜텔의 열의가 느껴지기도 한다. 오렌즈는 등장하자마자 대박을 터뜨려 0.2mm 이외에 0.3mm, 0.5mm 모델을 비롯해 가격이 조금 더 비싼 모델도 라인업에 추가되었다.

오렌즈는 심이 부러지지 않는 것을 주요 장점으로 내세우고 있다. 펜텔에서는 노크 버튼을 눌렀을 때 선단부에서 심과 함께 배출되는 가이드 파이프에 의해 심을 보호하는 구조를 '오렌즈 시스템'이라고 부른다. 이전에도 선단부에서 가이드 파이프가 배출되는 방식의 샤프펜슬은 다수 존재했다. 다만 그것들은 가이드 파이프가 배출되면서도 필기할 때 가이드 파이프에서 심이 살짝 '얼굴을 내미는' 것을 전제로 하고 있다. 한편 오렌즈는 가이드 파이프가 용지면에 직접 닿아도 상관없는, 다시 말해 가이드 파이프가 심을 완전히 둘러싼 상태로 글씨를 쓸 수 있다고 소개하고 있다.

심뿐만 아니라 가이드 파이프도 지면에 닿는다면 순간 글자가 제대로 쓰일지 의구심이 들겠지만 실제로 사용해 보면 전혀 문제없다. 심은 물론이고 가이드 파이프도 매우 가늘다는 점, 가이드 파이프 선단이 둥그스름하게 가공되어 있다는 점, 나왔다 들어갔다 하는 움직임이 매끄럽다는 점 등이 오렌즈 시스템의 필기감을 향상시키고 있는 듯하다.

게다가 오렌즈 덕분에 오랜만에 0.2mm 심을 사용해 보고 알게 된 사실이 있다. 극세심의 경우는 샤프펜슬에서 피하기 어려웠던 '심이 원기둥꼴이라서 나타나는 독특한 성질'에서 벗어날 수 있다는 사실이다.

샤프펜슬의 심을 확대해서 보면 기다란 원기둥꼴을 하고 있다. 아무 생각 없이 쓰다 보면 심 끝이 비스듬하거나 판판하게 깎인다. 그리고 이로 인해 샤프펜슬 특유의 필기감이 발생하고 완성된 글씨에도 독특한 성질이 드러나기 쉬웠다. 이런 성질을 없애기 위해서 앞서 소개한 쿠루토가에서는 심 끝을 회전시키는 놀라운 방법을 개발했을 정도다.

그런데 0.2mm 심은 매우 가늘어서 심이 원기둥꼴이라 발생하는 성질이 잘 드러나지 않는다. 펜텔이 새롭게 개발한

0.2mm 심의 경도 B나 2B 등의 부드러운 심도 오렌즈의 쾌적한 필기감을 확실하게 뒷받침하고 있다.

오렌즈는 독자적인 구조와 극세심이 합쳐져서 '매우 가는 글자도 가뿐히 쓸 수 있는' 기능을 실현했다. 펜텔은 이 오렌즈 시리즈를 (아마도 시장성이 큰) 학생층에게 강력히 어필하고 있는데 나는 사회인에게도 장점이 많은 제품이라고 생각한다. 기본 모델은 가격도 적당하므로 평소 샤프펜슬을 쓸 일이 없는 사람도 오렌즈 0.2mm의 감각을 꼭 한번 느껴 봤으면 한다.

또한, 2017년 봄에는 시리즈 최신 모델 '오렌즈 네로'가 출시됐다. 이 제품은 오렌즈 시스템을 토대로 노크 버튼을 한차례 누르면 그다음부터는 1개의 심을 다 쓸 때까지 자동으로 심이 배출되는 기능이 추가된 것이다. 스타일리시한 모양도 한몫 거들어 문구 마니아들 사이에서 화제가 되면서 출시 직후 반년 가까이 입수하기 어려울 만큼 큰 인기를 누렸다.

오렌즈 네로는 시크한 올 블랙 보디라 비즈니스 현장에도 적합하며, 노크 버튼을 누르지 않아도 0.2mm 심으로 계속해서 쓸 수 있는 독특한 감각을 느낄 수 있다. 오렌즈와 오렌즈 네로는 사양에 세세한 차이가 있어 사용감이 전혀 다르므로 각각의 제품이 지닌 0.2mm 심의 세계를 비교해 보는 것도 흥미로우리라 생각한다.

이상으로 소개한 제품들은 저마다 어느 정도 개성을 지녔으나 샤프펜슬을 이해하는 출발점 또는 기준점으로 삼기 좋다. 그런 관계 속에서 다른 여러 샤프펜슬도 시험해 봤으면 한다. 지금부터는 볼펜 파트에서와 마찬가지로 업무와 샤프펜슬이라는 관점에서 실용적인 활용 사례를 살펴보기로 하겠다.

✳ 0.2mm 샤프로 가뿐하게 글자를 쓴다

제품 소개 항목에서도 말했듯이 0.2mm 샤프심을 적극적으로 채택한 펜텔의 오렌즈와 오렌즈 네로의 등장은 나의 일상을 크게 바꿔 놓았다.

나는 오랫동안 샤프펜슬로 글을 쓸 때면 심의 존재감이 신경 쓰였다. 예를 들어 0.5mm 심이면 그만큼의 흑연심을 종이에 접촉시켜 깎아 나가듯 글자를 쓰는 게 왠지 부담스러웠다. 심의 지름이 0.2mm로 가늘어지면 대충 계산해도 지면에 닿는 심의 면적은 5분의 1 정도가 되고 필기할 때 손으로 느껴지는 부담도 줄어든다. 샤프펜슬이지만 겔 잉크 볼펜이나 만년필과 같은 가뿐한 필기감의 필기구에 가까워지는 셈이다.

물론 단점도 있다. 0.2mm 심, 더욱이 가벼운 필압으로 쓴 글자는 선이 가늘고 희미해서 판독이 어려울 수 있다. 학생 때는 노트에 필기한 내용을 다시 보거나 선생님께 제출해야 하는 경우도 많으므로 글자가 어느 정도 또렷해야 한다. 하지만 어른이 된 후에는 샤프펜슬을 사용하더라도 임시로 기록하거나 사적인 목적으로 기재하는 경우가 대부분이므로 다소 읽기 어려워도 문제가 없다. 심이 잘 안 부러지게 고안된 오렌즈 시스템과 가늘어도 일정하고 또렷하게 글자가 써지는 경도 B나 2B의 심을 활용하여 0.2mm 샤프펜슬을 적극적으로 사용했으면 좋겠다.

그럼 구체적으로 0.2mm 심이 빛을 발하는 순간은 어떤 때

일까? 하나는 수첩에 쓰는 것을 생각할 수 있다. 최근에는 스마트폰이나 태블릿 단말기 등을 가지고 다니는 일이 많기 때문에 기기나 주변 액세서리로 인해 가방이 무거워지기 쉽다. 그래서 수첩이나 노트는 작은 것을 가지고 다니는 사람이 많으리라 생각한다. 작은 지면에 작은 글자를 쓰는 데는 극세심 샤프펜슬이 제일 적합하다.

여기서 "수첩에 샤프펜슬이라고? 볼펜이 아니고?"라는 의문이 있을 것만 같다. 그러나 연필이나 샤프펜슬로 쓴 글자는 시간의 흐름에 따른 변화에 강하다. 열이나 빛에 의한 퇴색도 거의 없다. 틀린 부분을 지울 수도 있다. 잉크 계열 필기구와 달리 천천히 써도 번지지 않아 매우 작은 글자를 차분하게 쓰는 데 유리하다. 게다가 오렌즈 네로는 심을 다 쓸 때까지 노크 버튼을 누르지 않아도 되므로 커다란 종이에 아이디어를 스케치할 때도 유리하게 사용할 수 있다.

자연스레 글자가 작아지고 용지에 쓸 수 있는 양도 상당하므로 아이디어를 종이 한 장에 정리하고자 할 때 편리하다. 가는 글자라도 선이 의외로 또렷해 복사나 스캔을 해도 글자가 시원하게 읽힌다.

✳ 굵은 심으로 거침없이 그린다

0.2mm의 매우 가는 심 다음으로는 완전히 정반대인 굵은 심을 추천하고자 한다. 앞서 소개한 쿠루토가나 델가드가 0.5mm 심을 중심으로 개발된 이유는 문구 시장에서는 역시 아동, 학생용의 규모가 크기 때문이다.

독자 여러분도 샤프펜슬이라고 하면 보통 0.5mm를 떠올리 텐데, 이 0.5mm 심에서 한 발짝 떨어져 보면 샤프펜슬의 성격이 완전히 달라진다. 예를 들어 0.7mm의 경우만 해도 필기할 때 샤프심이 부러지는 빈도가 많이 줄어든다. 0.9mm는 마구 휘갈겨 쓰기도 괜찮고 큰 그림이나 도표를 그리기도 편하다. 심이 굵은 만큼 필기할 때 드는 힘이 커지게 되지만 심의 경도를 HB에서 B나 2B로 낮춰 부드러운 심을 사용하면 적은 힘으로도 쓸 수 있다. A5 이상, 이왕이면 A4 정도의 큼직한 종이를 사용해 업무 계획을 짤 때는 굵은 심의 샤프펜슬로 쓱쓱 써 나가는 재미가 있다.

굵은 심의 필기구를 사용하는 데 만족한다면 연필도 추천한다. 연필의 심은 지름이 2mm 정도 되는데 깎아서 사용하므로 샤프펜슬로 치면 심 0.5mm에서 1.3mm 사이의 굵기가 될 것이다. 평소에는 컴퓨터로 업무를 보면서도 계획을 세울 때만큼은 대체로 종이와 필기구를 사용한다는 사람도 있다. 도화지는 지면의 굴곡이 크므로 지면과 굵은 심이 닿는 감촉을 느끼면서 필기하다 보면 뇌에 적당한 자극이 되기도 한다.

요즘엔 샤프펜슬 중에도 연필과 비슷한 굵기인 2mm 제품이 인기를 얻고 있다. 원래 2mm 심을 사용하는 제품으로는 제도 용품 종류에 속하는 심 홀더가 존재했다. 앞서 소개한 픽스펜슬처럼 노크 버튼을 누르면 심이 톡 나오는 드롭 타입의 제품이다.

2mm 굵기의 샤프펜슬은 최근 누구나 쓰기 쉬운 노크식 제품으로 나오면서 전국 어느 문구점에서나 살 수 있게 되었다.

같은 굵기의 심인데 심 홀더와는 다르다는 의미를 담아 '2mm 샤프펜슬'이라고 불리고 있다. 이들 제품은 2mm의 굵은 심인 상태 그대로 쓰는 것도 가능하며 전용 심깎이로 연필처럼 심 끝을 깎아서 사용할 수도 있다. 심깎이로 깎은 원뿔꼴 심 끝으로 연필과 비슷한 풍부한 표정의 선이 나온다.

샤프펜슬이라고 해서 꼭 0.5mm 심을 사용할 이유는 없다. 오히려 굵은 심은 부러질 걱정도 적고 표현도 풍부해지고 강한 느낌의 선을 그릴 수 있으며 종이의 종류도 가리지 않는다. 글자가 크면 노안인 사람에게도 좋다. 큼직한 노트를 사용하거나 손에 들고 메모해야 하는 경우에는 굵은 심 샤프펜슬의 사용도 검토해 보는 것이 좋겠다.

## 만년필로 느끼는 사실적인 터치감

문구에 대한 사람들의 지대한 관심을 상징적으로 보여 주는 변화가 있다. 바로 만년필의 부활이다. 일본에서 만년필은 제2차 세계대전 전후에 걸쳐 많은 사람이 사용했던 필기구다. 당시에는 지금도 존재하는 세일러SAILOR나 파이롯트, 플래티넘 PLATINUM과 같은 상표뿐 아니라 일본 각지에 많은 만년필 제조사가 존재했다.

이는 내가 태어나기도 전의 얘기다. 이 책을 집필하기에 앞서 취재했던 곳에서 보고 들은 얘기들, 이를테면 "시내에는 떨어뜨려서 구부러진 펜촉을 바로 수리할 수 있을 만큼 만년필 장인이 많았다."라든가 "하루에도 몇 자루씩 만년필을 판매하느라 앉아 있을 틈도 없었다."는 등의 이야기를 통해 눈부셨던 만년필의 시대를 지나왔음을 다시 인식하게 되었다.

하지만 제2차 세계대전 후 얼마 되지 않아 볼펜이 보급되기 시작한다. 깔끔하고 아름다운 선이나 경쾌한 필기감이라면 만년필이 훨씬 뛰어났지만, 취급이 간단하고 값이 싼 볼펜의 기세를 꺾기 어려웠다. 볼펜이 용지의 품질을 별로 따지지 않는다는 점이나 그 무렵 기업에서 대량으로 사용하게 된 복사기 전표에 잘 맞는다는 점도 강점이었다. 이렇게 해서 만년필은 모두가 사용하는 필기구에서 일부 사람들의 취미 대상으로 한정된다. 1980년대에는 거리 곳곳의 문구점에서 만년필의 모습을 찾아볼 수 없게 되었던 것으로 기억한다. 한동안 만년필 입장에서는 암흑의 시기가 되었지만, 후에 부활의 기회가 몇 차례 찾아온다. 처음에 복선이라고 생각되는 조짐이 있었다. 독일 필기구 제조사인 라미에서 내놓은 '사파리' 만년필이 수도권 문구 전문점에 진열된 일이었다. 만년필이라고 하면 하다못해 5,000엔 정도는 되어야 제대로 된 제품이라고 생각되었던 시절, 사파리는 수입품이면서 3,000엔대로 가격대도 적당했다. 정밀도가 높은 수지 본체 축은 선진적인 스타일을 갖추고 있어 만년필 마니아 사이에 커다란 화제를 불러일으켰다.

외관뿐 아니라 필기감도 뛰어났다. 인터넷이 보급되기 전 컴퓨터 통신 네트워크를 기반으로 한 문구 마니아 커뮤니티에서 "가격이 적당하면서도 고급 만년필처럼 매끄럽게 잘 써져서 좋다."는 내용의 대화가 오갔던 기억이 난다. 특히 사파리의 펜촉 M(중간 촉)은 잉크 배출량이 적정해 용지의 질에 상관없이 쾌적하게 쓸 수 있는 점이 좋았다. 그 무렵부터 현재에 이르기까지 나를 포함해서 이 사파리 덕분에 만년필에 눈을 떴다는 사람이나 만년필을 다시 보게 되었다는 사람이 꽤 많을 것이다.

1990년대 말쯤부터는 인터넷의 보급으로 마니아들이 공유하는 귀중한 정보를 누구든 쉽게 얻을 수 있는 환경이 조성되었다. 만년필에 관심 있는 사람이라면 부담 없이 그 세계에 들어갈 수 있게 된 것이다. 게다가 2004년쯤부터 활발해진 만년필 수입업자들의 열정적인 캠페인 활동이나 문구에 관한 여러 가지 서적과 전문 잡지의 등장도 놓칠 수 없는 변화다. 기본적으로 만년필은 단가가 센 상품이라 활기를 띠기 시작하자 소매점에서도 적극적으로 판매해 나갔다.

이렇듯 여러 사정이 이래저래 맞물리면서 판매점에서 거의 찾아볼 수 없었던 만년필이 다시 매장으로 돌아오게 되었다.

마침내 권세를 되찾은 지금의 만년필. "만년필을 사용하는 이점은 뭘까?" 솔직히 이 물음에 한마디로 답하기는 좀처럼 쉽지 않은 듯하다. "여태 사용하지 않았어도 아무런 상관이 없었으니 굳이 사용할 필요가 있을까?"라는 의견도 틀렸다고 할 수는 없다.

그런데 스마트폰이 이렇게까지 널리 퍼진 지금 오히려 문구 매장에는 수첩의 종류가 예전보다 훨씬 더 폭넓어지고 있다. 또 디지털카메라 전성시대인 요즘 즉석 필름 카메라 신 기종이 다양하게 발매되어 젊은이들 사이에서 '새로운 물건'으로 인기를 구가하고 있다.

노스탤지어만으로는 충분한 설명이 되지 않는 현상이다. 실제 물건이 가진 물성들, 그것이 선사하는 감각이 재평가되고 있다는 것도 분명하다. 업무의 도구라는 목적에서 조금 떨어져 있기는 하지만 만년필은 필기구로서 우리가 글을 쓸 때 본능적으로 느끼는 즐거움을 재인식시켜 주는 존재가 되었다는 생각이 든다. 모처럼 이 책을 손에 들었으니 만년필 한 자루 구매해 보는 것은 어떨까?

만년필의 매력은 뭐니 뭐니 해도 선의 아름다움과 근사한 필기감에 있다. 펜촉에 잉크 배출량이 적정하게 유지되기만 한다면 끊김 현상없이 매끈하게 계속 쓸 수 있다. 그리고 볼펜처럼 펜촉에 볼이 있는 구조가 아니므로 아무런 매개가 없는 직접적인 필기감을 느낄 수 있다.

이는 글을 쓰는 사람의 의도에 부합한 정밀하고 정확한 필기를 보증하며 글씨를 예쁘게 쓰는 사람에게는 더욱더 예쁘게 쓰는 데 도움이 되고, 글씨에 자신이 없는 사람에게는 또박또박 바른 글씨를 쓸 수 있게 도와주는 필기구가 될 수 있음을 의미한다. 처음 사용하는 것이라면 약간 딱딱한 펜촉이 무난하지만, 부드러운 펜촉을 자유자재로 다룰 수 있게 되면 표정이 풍부한 글씨를 쓰는 일도 가능해질 것이다. 종이 위에 아름다운 잉크 색깔이 드러나는 모습도 볼만하다.

그럼 이제 몇 가지 만년필을 살펴보기로 하자. 먼저 누구나 사용하기 쉬운 기본적인 제품부터 소개해 보겠다.

## ☀ 라미 '사파리'

비즈니스 현장에서도 사용할 수 있는 외관을 갖추고 있으면서 비교적 합리적인 가격대. 사용감이 무난하여 실패율이 적을 것으로 생각되는 첫 만년필로, 앞서 등장했던 라미의 사파리를 소개할까 한다.

라미는 독일의 필기구 제조사다. 같은 독일의 필기구 브랜드인 몽블랑MONTBLANC이나 펠리칸PELIKAN과 비교하면 훨씬 늦은 후발 주자로 생각하기 쉽다. 그런데 라미의 창업 연도는 1930년으로 몽블랑과는 20여 년 밖에 차이가 나지 않는다. 또, 1830년대에 잉크 제조사로 창업한 펠리칸은 1920년에야 필기구 제조를 시작했으므로 라미와 거의 비슷한 나이라고 할 수 있다. 다만, 라미가 1966년에 발매하기 시작한 필기구 'LAMY 2000' 시리즈가 당시에는 굉장히 모던한 디자인이었던 점과 이후의 제품 대부분이 각계 프로덕트 디자이너를 기용해 만들었을 만큼 디자인을 중시했기 때문에 라미는 왠지 항상 신진 업체라는 인상이 든다.

그러한 가운데 라미의 이름을 세계적인 브랜드로 끌어올린 주역이 1980년에 발표된 사파리 시리즈다. 사파리는 아웃도어를 키워드로 디자인된 만년필과 유성 볼펜 세트가 최초의 라인업이었다.

볼프강 파비안Wolfgang Fabian씨의 디자인으로, 전체 ABS 수지 소재로 이루어진 몸체는 기능미와 조형미가 균형 있게 융합된 스타일이다. 젊은 세대의 사용을 상정하여 손가락에 딱 맞는 그립의 형상이나 주머니에 쏙 들어가는 와이어 타입의 펜 클립 등, 액티브한 사용을 고려한 모습으로 만들어졌다. 그러면서도 전통적인 만년필이 지닌 살짝 중후한 분위기도 분명 갖추고 있다. 사파리의 빼어난 디자인에는 항상 감탄하지 않을 수 없다.

콘셉트 자체가 지나치게 선진적이었는지 발매 초기에는 그다지 주의를 끌지 못했지만 얼마 지나지 않아 세계적으로 높은 평가를 받기 시작한다. 등장한 지 40년이나 되었는데도 사파리 시리즈는 여전히 라미를 대표하는 인기 상품이다.

만년필은 처음에 무엇을 샀느냐에 따라 앞으로 계속 만년필을 사용할지 아니면 처음 한 자루가 마지막이 될지 극명하게 갈린다. 처음부터 잉크가 잘 안 나오거나 펜촉이 너무 부드러워서 글을 쏠 때 제어가 안 되는 만년필이라면 모처럼의 기분도 사그라들고 만다.

그런 점에서 사파리 만년필 M은 적절한 잉크 배출량, 스테인리스 스틸 소재 펜촉에서 느낄 수 있는 다소 단단한 필기감, 품질 관리에 빈틈이 없는 펜촉의 완성도 등 안심하고 사용할 수 있게 세팅된 제품이다. 만년필 마니아에게는 기성품으로서 그럭저럭 만족할 만하며, 만년필 초보자에게는 '만년필이 좋아지는 만년필'로서 폭넓게 인기가 있다.

이러한 종합적인 판단을 통해 나는 사파리 M을 첫 번째 만년필로 추천한다. M이라면 매우 작은 글자는 쏠 수 없으므로 수첩에 사용하기에는 적절하지 않지만, 약간 큼지막한 노트에 사용하거나 그림엽서에 메시지를 적을 때 쓰면서 만년필 사용에 익숙해져 보자.

현재 가격대는 4,000엔대 전반으로 형성되어 있다. 나는 2005년에 출판한 책에서 저렴한 가격대의 만년필을 가리켜 '캐주얼 만년필'이라는 호칭을 붙였었다. 캐주얼 만년필의 장점은 어깨 힘을 빼고 마음 편히 사용할 수 있다는 점이다. 만년필 펜촉에 익숙해지는 것은 물론이고 만년필 내부를 세척하거나 잉크 색상을 교체하는 등 만년필의 전반적인 사용을 부담 없이 체험할 수 있다. 또한, 펜촉이 다소 단단하므로 펜촉의 휘어짐 때문에 당황할 일도 없다. 우선은 이 캐주얼 만년필을 통해 만년필에 가장 좋은 필압을 생각해 보거나 펜촉에 가하는 힘을 조절하는 방법을 익혀 보기 바란다.

라미의 '사파리'는 세계적으로 인기를 얻고 있는 만년필이다.
수지 소재 몸체는 공작 정밀도가 높고 필기감도 좋다.
중간 펜촉 굵기인 M에서부터 체험해 보자.

:¦: 펠리칸 '펠리카노 주니어'

원래는 아동을 대상으로 한 교육용 필기구다. 사무용으로 쓰기에는 조금 꺼려질 정도로 귀여운 외관이지만, 이 제품에는 만년필의 기본이 얼추 다 들어가 있어서 만년필에 관한 모든 것을 전부 시험해 볼 수 있다.

만년필과 잉크로 오랜 역사를 자랑하는 독일 브랜드 펠리칸PELIKAN. 보통은 3만~5만 엔대의 고급 만년필이 주력 상품인데, 처음 만년필을 접하는 아이들의 연습용으로 이런 저렴한 가격대의 제품도 만들고 있다. 긴 역사를 자랑하는 초대 펠리칸의 등장은 1960년이다. 교사들을 비롯해 수많은 사용자들을 대상으로 벌인 조사를 거쳐 완성했다고 한다. 이후 4년 후인 1964년에는 수백만 명의 학생들이 사용하게 되었다는 기록도 있다.

펠리카노 주니어는 등장 시기에 따라 몇 가지 모델이 있는데, 그중에는 2,000엔 미만의 것도 있다. 사파리처럼 시험용 만년필로 쓰기에 적당하면서 가격도 합리적이라 (제품 보증 대상에서는 제외되겠지만) 본체를 분해해서 살펴보기에도 좋다.

그런데 일반적으로 만년필이라는 존재에 왠지 서먹함이나 신비감을 느끼는 사람은 나뿐인가? 문구점에 가면 볼펜이나 샤프펜슬은 값싼 제품이 한 다발씩 뭉텅이로 판매되기도 하는데, 만년필은 고고한 분위기를 뿜어내며 유리 케이스 안에 자리 잡고 있다. 게다가 고급품인 경우는 가격이 상당하다. 만년필에서 표준 등급으로 여겨지는 14K 펜촉이 사용된 모델은 최소 1만 엔부터다. 만년필을 선뜻 사용하기 꺼려진다면 무엇보다 비싼 가격 때문인지도 모르겠다.

일반적으로 만년필이 비싼 이유 중 하나는 펜촉의 소재 때문이다. 흔히 '철펜'이라고 불리는 스틸 펜촉(잉크로 인한 녹 방지 측면에서 스테인리스 스틸이 많이 쓰임)을 사용한 것보다 진짜 금을 함유한 합금으로 이루어진 '금펜' 쪽이 훨씬 비싸다.

또 하나의 이유는 제조 공정에 많은 사람의 손이 필요해 대체로 생산량이 적다는 점이다. 고급 만년필은 공정별로 여러 대의 제조 설비를 사용함과 동시에 많은 일손이 더해져 만들어진다. 게다가 한 가지 모델의 총생산 개수가 적은 경우 때마다 설계에서부터 재료 입수, 제조 가동, 그리고 광고까지 처음부터 다시 해야 하므로 관련한 모든 경비가 제품 가격에 반영된다.

그렇다면 왜 펠리카노 주니어는 가격이 저렴할까? 먼저 펜촉이 스틸 소재로 되어 있다. 축 본체도 사인펜 등과 마찬가지로 사람의 품이 별로 들지 않는 수지 성형 자동기계를 사용해 대량 생산이 가능하기 때문이다.

한편 제품에 따라 재료나 제법 등에 차이는 있지만, 만년필 잉크가 잉크 카트리지에서 펜촉으로 전달되는 구조는 기본적으로 고급품이든 캐주얼한 제품이든 비슷하다. 펠리카노 주니어도 보통의 펠리칸 제품과 같은 원리로 이루어져 있다. 고급품이라고 해서 내부 잉크가 자동으로 세척되는 것도 아니며, 일정한 유지 보수가 필요하다. 즉 펠리카노 주니어를 확실하게 이해하면 만년필의 기초에 대해 더 많은 것을 알 수 있다.

만년필의 심장부는 펜촉과 그 뒤쪽에 붙어 있는 수지 소재의 '펜 심'이다. 만년필에 따라 부품을 장착하는 방법은 다르지만 펠리카노 주니어의 경우 펜과 펜 심을 함께 조심스럽게 빼내 보면 펜 심은 축의 한층 더 안쪽까지 닿아 있는 기다란 부품이라는 사실을 알 수 있다. 이 펜 심을 매개하여 잉크 카트리지 안의 잉크가 펜촉에 전달되고 동시에 잉크가 줄어든 만큼 공기가 잉크 카트리지로 들어가게 된다. 펜 심을 손에 들고 확인해 보면 필기에서부터 내부 잉크 세척까지 만년필의 실제를 확인하고 익힐 수 있다.

사파리와 펠리카노 주니어는 펜촉의 굵기가 중간인 M에 해당한다. 이 두 제품은 가는 선으로 작은 글씨를 쓰려는 목적에는 적합하지 않다. 그런데 왜 M에서부터 시작해야 할까? 그 이유는 가는 펜촉은 잉크 배출량이 적어서 필기감이 썩 매끄럽지 못하고 또 작은 글자를 쓰기 위한 필압 조절을 하기에도 어렵기 때문이다.

물론 만년필에 익숙해지면 오히려 가는 펜촉일 때 사용하는 즐거움이나 깊은 맛이 더욱 커지기는 하지만 그 예민하고 까탈스러운 필기감은 초보자가 맛보기에는 수준이 너무 높다고 하겠다. 그러므로 비록 큰 글자밖에 못 쓴다고 해도 적정한 잉크 배출량이 매끄러운 필기감을 뒷받침하고 종이 표면이 다소 거칠어도 상관없는 펜촉 M의 관대함을 먼저 느껴보았으면 한다.

### ☼ 파이롯트 '카쿠노'

주식회사 파이롯트 코퍼레이션의 제품이다. 1개 1,000엔이라는 부담 없는 가격의 만년필로 펠리카노 주니어의 일본판이라고 볼 수 있다.

"또 캐주얼 만년필이냐?"라고 생각할 수도 있을 텐데, 나는 만년필 펜촉은 제조국마다 미묘한 차이가 있다고 생각한다. 그래서 가능하다면 사파리의 M이나 펠리카노 주니어를 체감한 후 카쿠노를 사용해 보기를 권한다.

파이롯트 코퍼레이션은 1918년에 창업했다. 세일러 만년필 주식회사, 플래티넘 만년필 주식회사와 나란히 일본의 오래된 만년필 및 필기구 제조사다. 펜 뚜껑이 없고 노크 버튼으로 펜촉을 넣었다 뺐다 하는 캡리스Capless 시리즈와 옻칠 장식한 고급 라인의 또 다른 브랜드 나미키Namiki 시리즈는 파이롯트의 얼굴이라고도 할 수 있는 제품이다.

내가 만년필의 부활을 느낀 시기에서 6년 정도 지난 2013년에 카쿠노 최초의 모델이 개발되었다. 어느 인터뷰 기사에서 파이롯트가 "만년필을 사용한 적 없는 젊은 세대들의 잠재적 수요를 겨냥해서 개발했다."고 말한 것을 읽었다. 파이롯트가 지향했던 대로 카쿠노는 등장하자마자 아이에서부터 어른에 이르기까지 폭넓은 지지를 얻어 대히트 상품이 되었다.

2017년에는 '카쿠노 투명 보디'가 라인업에 추가된다. 본체는 물론 뚜껑까지 무색투명한 수지 소재로 여러 가지 색깔의 보틀 잉크(잉크병에 들어간 잉크)를 내부에 충전시켜 그 외관까지 함께 즐길 수 있었다.

만년필에 보틀 잉크를 사용하려면 잉크 카트리지 대신에 '잉크 컨버터'라는 부품을 장착한다. 펜촉을 잉크병에 담가 잉크를 잉크 컨버터 안으로 빨아들인다. 파이롯트의 잉크 컨버터는 투명도가 높은 수지로 이루어져 있어 내부의 잉크가 훤히 다 보여서 흥미롭다.

카쿠노의 장점은 M보다 더 가는 촉임에도 품질이 안정적이라는 점이다. 중간 촉 M 이외에도 F(fine=가는 촉)가 있고, 최근에는 EF(extra fine=매우 가는 촉)도 발매하기 시작했다. 펜촉 F의 경우는 작은 한자를 쓸 수 있고, 펜촉 EF는 좁은 지면에 더욱 작은 글자를 쓸 때도 유용하다. 가는 촉임에도 불구하고 잉크 배출량도 펜촉의 완성도도 적정하여 파이롯트의 실력에 놀라움을 감출 수 없다.

앞서 내가 펠리카노 주니어를 먼저 써 보라고 한 이유는 여러 가지로 신경을 쓸 필요 없는 펜촉의 편안한 필기감을 느껴봤으면 해서였다. 사파리의 M도 펠리카노 주니어도 큼직한 글자를 편안하게 쓰고 싶은 느낌이 든다. 이런 감각은 앞으로 만년필을 사용하려고 하는 사람에게 매우 중요한 체험이라고 할 수 있다.

한편 카쿠노는 같은 캐주얼 만년필이면서도 '충실'이나 '정밀'과 같은 말이 연상되는 필기감을 느낄 수 있다. 예를 들어 펜촉 M을 사용해도 저도 모르게 또박또박 글자를 쓰게 되고, F나 EF를 사용한다면 작은 글자를 꼼꼼하게 쓰는 법을 익힐 수 있을 것이다.

사파리나 펠리카노 주니어로는 '만년필로 자유롭고 편안하게 쓰는 기분 좋음'을, 카쿠노로는 '만년필로 글자를 또박또박 쓸 때의 기분 좋음'을 느낄 수 있다. 캐주얼 만년필을 통해 경험할 수 있는 이 두 가지 장점을 자신의 것으로 만들었으면 하는 바람이다.

그럼 이제 만년필다운 외관의 만년필을 살펴보기로 하자. 꼭 전통적인 스타일의 제품을 사야 하는 것은 아니다. 어떤 제품이 있는지를 알고, 다음 단계의 제품으로 무엇을 손에 넣을 것인지 참고했으면 한다.

내가 생각하는 만년필다운 만년필은 방추형(가늘고 긴 눈썹 형태)의 검정 몸체에 뚜껑에는 금색 펜 클립이 달렸으며, 펜촉은 14K의 약간 큼직하고 단단한 형태다.

여기서 다시 한번 펜촉에 대해서 살펴보자. 친숙하게 '금펜'이라고 부르는, 진짜 금 소재를 포함한 펜촉. 아시다시피 24K는 아무것도 안 섞인 순금이고 14K는 금 함유율이 58%인 금합금이다. 잉크에 대한 내부식성과 펜촉으로서의 강도와 탄력성, 멋진 외관 등의 요인을 따져 취미 차원에서의 만년필로 금합금 펜촉이 널리 쓰이고 있다.

금 펜촉 표면에 코팅을 입혀 외관이 은색인 펜촉도 있다. 14K 이외에 18K나 21K 펜촉도 있다. 어느 정도의 금 함유율이 좋은지에 대해서는 여러 가지 설이 있지만, 펜촉의 제조법이나 형상에 따라서도 필기감은 달라지므로 한마디로 말하기는 어렵다. 참고로 덧붙이자면 내 주변의 많은 사람들은 14K로도 충분하다고 말한다.

그 금색, 다시 말해 우리가 펜촉이라고 부르는 부분은 구체적으로 '닙Nib'이라는 호칭으로 분류된다. 그리고 펜촉의 선단, 즉 종이와 닿는 부분은 '펜 포인트'라고 불린다. 펜 포인트의 대부분은 이리듐이라는 매우 단단한 합금으로 이루어져 있으며,

이것이 닙 선단에 붙어 있다. 금펜은 물론 대부분의 철펜도 펜 포인트에는 이리듐 합금이 사용되고 있다고 생각하면 된다.

14K 펜촉을 쓴 보수적이고 고급스러운 스타일의 만년필은 파이롯트뿐 아니라 다른 제조사에도 거의 비슷한 라인업이 준비되어 있다. 먼저 2만 엔 전후의 모델로 파이롯트의 경우는 '커스텀 742', 플래티넘의 경우는 '프레지던트' 시리즈, 세일러의 경우는 '프로핏 21'이 있다. 그리고 각각의 시리즈마다 14K 펜촉은 그대로인데 가격이 1만 엔 전후인 라인업도 있다. 차이는 펜촉 크기나 본체 축의 굵기 및 총 길이 등이다.

만년필의 필기감을 결정짓는 가장 중요한 요인은 펜촉이다. 사용자가 조절하는 손가락의 움직임을 받아들여 용지에 전달하는 펜촉의 역할을 생각하면 아무리 14K라고 한들 어느 정도 크기가 커야 좋다. 다만 손이 작은 사람은 축이 두꺼우면 글씨를 쓰기가 어렵고, 또 펜촉이 크면 그만큼 손가락과 지면의 거리가 멀어지므로 직접 실물을 쥐어 보고 손에 잘 맞는지 확인하자.

펜촉의 굵기와 관련해서는 같은 일본제 만년필인 카쿠노를 떠올려 보자. 이미 카쿠노의 F나 EF를 가지고 있다면 그 굵기와 대략 비슷하다고 생각하면 된다. 물론 이것도 실물을 통해 직접 확인하기를 권장한다.

만일 이들 모델의 금색 펜 클립이나 펜촉이 자신의 취향과 안 맞는다면 제조사마다 은색으로 구성된 다른 모델이나 조금 더 산뜻한 디자인의 모델을 갖추고 있으니 그쪽을 선택해도 좋다. 지금까지 쭉 살펴봤듯이 선택지는 꽤 많다. 앞으로 여러분이 만년필을 고를 때 무엇을 기준으로 삼을 것인지, 무엇부터 시작할 것인지를 판단하는 데 조금이나마 도움이 되기를 바라는 바다.

파이롯트의 커스텀 742는 일본제 만년필이므로 F나 EF를 사용해 한자 등 복잡한 글씨를 쓸 때 적극적으로 사용하면 좋을 것 같다. 최근에는 여러 가지 색상의 보틀 잉크가 등장해 일부에서 유행하고 있지만, 회사에서는 업무 서신 등에 빨간 글씨는 기피하므로 처음에는 기본 색상인 검정과 파랑 등의 잉크를 갖추도록 하자. 출장 시에도 휴대하고자 한다면 잉크 컨버터보다는 일반적인 카트리지 잉크가 편리할 수 있다. 다이어리 등 개인적으로 쓸 거라면 색상은 뭐든 상관없다. 기분전환 삼아 자신이 좋아하는 색상을 세팅해 보는 것도 즐겁지 않을까.

### ☼ 펠리칸 '슈베른 M400/600'

만년필에 흥미가 생기기 시작하면 인터넷 속 정보로는 부족해서 대형 문구점의 만년필 코너를 직접 찾아가 보고 싶어질 것이다. 매장에 자리한 유리 케이스의 한쪽 끝에서 다른 쪽 끝까지 진열된 수많은 만년필. 그중에서도 많은 사람의 시선을 붙잡는 제품이 있는데, 바로 클래식하고 개성적인 뚜껑 디자인과 녹색이나 파란색 계열의 줄무늬 축을 갖춘 가늘고 아름다운 펠리칸 만년필이다.

펠리칸 만년필은 기본적으로 뚜껑이나 축을 구성하는 부품의 형상이 거의 같고, 부품의 색상이나 소재의 차이, 부가적인 장식의 종류 등에 따라 여러 등급으로 다양하게 나뉜다. 또한 같은 외관이면서 여러 가지 크기(축 굵기, 총 길이, 펜촉 크기)를 변형시킨 것도 있다.

많은 종류의 펠리칸 만년필 중에서도 일본의 소매점에 가장 많이 나와 있는 것은 아름답고 섬세한 줄무늬 시리즈 슈베른Suberen이다. 선명한 색상에 앞뒤의 검정 수지 부품이 축 전체를 차분하게 만들어 준다. 거기에 금색 펜 클립이 포인트로 클래식한 분위기를 한층 더해 소유자의 만족도가 매우 높다.

만년필은 기호성이 강한 제품이라 사람에 따라서는 '다른 사람이 가지고 있지 않은 것'을 원하기도 한다. 그런데 슈베른은 누구나가 한 번쯤은 갖고 싶어 하는 만년필이다. 그 사실을 뒷받침이라도 하듯 초보부터 마니아에 이르기까지 팬이 많다. 전통적인 검정 보디 모델도 있고, 때때로 특별한 축 색상의 한정품이 발매되기도 하므로 구매하기 전에 최신 상품 정보를 찾아보면 좋을 것이다.

슈베른의 상품명에는 숫자가 포함되어 있다. 숫자가 클수록 축 크기가 커진다. 아시아인의 손에는 표준적으로 M400이 잘 맞는 편이다. 여러 조건의 필기 상황에 폭넓게 대응한다. 가격도 시리즈 가운데서는 적당하다.

M600은 M400보다 아주 조금 큰데 자신의 손 크기나 필기구를 잡는 습관 등을 비교해 보고 어느 것이 잘 맞는지 확인해 보자. M800은 상당히 존재감이 있어 가지고 다니기보다 책상 위에 두고 사용하면 좋을 듯하다. M300은 가장 작은 제품으로 휴대하기에는 좋지만, 펜촉이 다소 약해서 평소 자주 사용하긴 어렵다는 점을 참고하자.

본체 크기가 클수록 펜촉도 커지고 필기할 때 펜촉에 가해지는 압력의 폭도 커진다. 적당한 크기의 만년필이 활약하는 순간이 있는 한편, 축 굵기나 펜촉 크기가 넉넉한 만년필을 사용할 때 느낄 수 있는 역동감은 보통의 볼펜이나 샤프펜슬로는 좀처럼 맛볼 수 없는 것이다.

독일제이면서 구하기 쉽고, 많은 사람이 사용하고 있어 안도감이 드는 슈베른. 해외 만년필의 특징이나 매력을 느끼기에 매우 적합한 제품으로서 슈베른을 알아 두는 것도 좋겠다.

✳ 펜촉 M으로 다양한 용지에 써 보자

이 책의 주제에 따라 사회인에게 만년필이 적합한 순간을 생각해 보자. 비록 단 한 줄의 글이라도 만년필로 직접 쓴 감사 편지를 받으면 왠지 기쁘다. 한눈에 봐도 만년필의 선은 아름다우니까. 사내에서 주고받는 가벼운 메시지라도 상대방의 마음에 강한 인상을 남길 수 있다.

다만 굳이 어깃장을 놓자면 기능 좋은 요즘 볼펜이나 샤프펜슬로도 충분한데, 만년필만이 활약할 수 있는 상황이라는 게 있을까? "만년필을 좋아한다면 어떤 상황이나 장소에서든 사용해 보라."는 식의 종잡을 수 없는 의견을 말하는 전문가도 있었으며, 그 말을 곧이곧대로 받아들여 복사 전표에까지 힘들게 만년필을 사용하는 사람이 있었다는 웃지 못할 얘기를 들은 적도 있다.

물론 만년필 자체의 필기감은 매끄럽고 좋지만, 그것이 업무 시간의 단축이나 성과 증대와 같은 명확한 수치로 직접 연결되는지는 알 수 없다. 물론 사람마다 다를 것이다. 일에 대한 동기 유발이나 업무 분위기 조성 등 굳이 말하면 정신적인 부분과 관련한 효과가 있을 것이라는 생각도 든다.

만년필의 단점도 잊어서는 안 된다. 장기간 방치하면 펜촉도 내부의 잉크도 말라 버린다. 온도나 기압의 변동, 외부 충격으로 인해 잉크가 샐 위험도 볼펜보다 크다. 그래도 한 번쯤 자신에게 딱 맞는 만년필을 만난다면 이유나 단점 따위는 상관없이 사용하고 싶다는 생각을 하게 될 것이다. 만년필이 지닌 매력은 편리성과는 다른 부분에 있다.

이번 장에서는 펜촉 M의 만년필을 소개하는 것에서부터 시작했다. M이나 한 단계 굵은 B(broad=굵은 촉)의 이점은 용지의 종류를 그다지 가리지 않는다는 점이다. 표면이 거친 용지에 쓸 때도 펜촉이 종이에 걸리는 느낌이 잘 안 들기 때문이다.

내가 중학생 때 처음 구매한 만년필이 실패였던 이유는 매우 가는 펜촉을 선택했기 때문이다. 펜촉이 섬세하다 보니 표면이 매끄럽지 못한 종이에는 기분 좋게 글씨를 쓸 수가 없어 사용할 수 있는 용지가 제한됐다. 게다가 당시는 일본제 노트의 질이 썩 좋지 않아 용지 표면에서 살짝 튀어나온 가는 섬유가 펜촉 틈새에 끼이면서 글자가 번지고 마는 슬픈 상황을 맞닥뜨리기도 했다. 내 만년필 인생에서의 첫 번째 좌절이었다.

그런데 펜촉 M이라면 작은 글자도 그럭저럭 쓸 수 있고, 여러 가지 용지에도 쾌적하게 쓸 수 있으므로 "여기다 만년필을 써볼까?"하고 시도하기가 수월하다. 사무실에서 사용하는 표면이 거친 복사용지, 독특한 지면을 가진 포스트잇, 아이디어

스케치에 편리한 크로키 용지에도 걱정이 없다. 요즘 유행하는 해외 문구 용지와도 궁합이 좋다. 수입 편지지나 메시지 카드에는 각 나라의 개성적인 종이가 쓰이는데 그것들은 종종 지면에 요철이 있지만 문제없다. 또 처음부터 연필이나 볼펜의 사용을 상정하여 종이 질이 다소 떨어지는 리갈패드에도 어려움 없이 쓸 수 있다.

나는 ToDo, 즉 그날 해야 할 일을 여러 장의 큼직한 포스트 잇에 적을 때 블루 잉크에 펜촉 M을 사용하는데 그것을 펜꽂이에서 꺼내는 게 큰 즐거움이다. 9mm 간격의 괘선이 그려진 노란색 용지에 대충 써넣는 행위가 기분전환이 된다. 만년필을 사용해 보고 싶다는 마음이 있다면 먼저 펜촉 M으로 실행에 옮겨 보는 것은 어떨까?

✳ 펜촉 F에 잉크 색상을 골라 노트나 수첩에 기재하기
수첩이나 노트의 가로 괘선 간격이 7mm 이하라면 펜촉 F가 나설 차례다. 최근 몇 년 사이에 5mm 모눈 노트의 인기가 급속도로 높아지고 있으므로 펜촉 EF라는 선택지도 있다.

그런데 펜촉이 가늘어져 발생하는 문제가 있다. 다소 깔깔한 필기감이다. 종이 질에 따라서는 약간 걸리는 느낌도 있다. 가는 펜촉은 윤활유 역할을 하는 잉크의 배출량 역시 적으므로 펜을 누르는 힘이나 펜촉의 벌어짐 등을 의식하면서 쓰지 않으면 필기감이 저하될 수밖에 없다.

한편, 펜촉이 가늘어져서 단위 시간당 잉크 배출량이 적어지면 펜촉에서 잉크가 나오는 속도가 느려진다. 덕분에 글자를

천천히 쓸 수 있다는 점에서 오히려 E나 EF를 선호하는 사람도 있다. 나는 깔깔한 느낌을 좋아하지 않아서 작은 글자를 쓸 때는 매우 가는 촉의 겔 잉크 볼펜으로 바꿔 쓰기도 한다.

오랫동안 사용해 익숙해진 만년필이나 전문가에게 맡겨 펜촉의 모양이나 잉크 배출량을 조절한 펜촉 또는 처음부터 최상의 상태로 잘 만들어진 제품이라면 설령 매우 가는 펜촉이라도 거침없이 쓸 수는 있다. 자신의 만년필이 '매우 가는 펜촉의 제품 중 최고의 필기감'을 가지고 있을지 어떨지 판단하는 것은 쉬운 일이 아니다. 그러니 함부로 펜촉을 연마하거나 조절하는 것은 위험하다. 이 부분은 시간과 경험이 해결해 줄 테니 서두르지 말자.

공식적인 자리에서는 필기구에 사용할 수 있는 잉크 색깔로 파랑이나 검정이 기본이다. 한편, 노트나 수첩에 자기만 알아볼 수 있으면 되는 글을 적을 때라면 딱히 신경 쓸 필요 없이 좋아하는 색깔의 잉크를 사용하면 된다.

최근 들어 제조사나 소매점의 노력이나 미디어의 언급으로 인한 상승효과로 만년필용 보틀 잉크의 종류가 상당히 증가했다. 자신의 취향에 따라 색상을 골라 쓰면서 기분전환을 꾀해 보기 바란다.

마지막으로 만년필을 고를 때 주의할 점을 몇 가지 적어 보겠다. 고가의 제품은 매장에서 테스트해 볼 기회가 주어진다. 이때 카트리지 잉크를 장착할 수는 없으므로 펜촉을 살짝 보틀 잉크에 적셔 써 보게 되는데, 보틀 잉크에 적셔서 사용할 때의 필기감은 카트리지를 장착한 통상적인 만년필의 필기감보다 훨씬 매끄럽다. 카트리지 잉크보다 펜촉에 있는 잉크의 양이 풍부하기 때문이다.

그래서 '이만하면 됐다' 하고 기분 좋게 사 들고 왔는데 집에서 다시 써 봤더니 매장에서의 느낌과는 달라 난처한 상황이 발생하는 것이다. 그렇다고 해서 서둘러 웹사이트를 검색해 찾은 정보로 섣부르게 펜촉을 조절하거나 연마했다가는 제품을 망가뜨리는 결과를 낳게 된다(이것이 나의 만년필 인생에서의 두 번째 실패였다). 이러한 실패를 겪지 않기 위해서라도 카쿠노의 F나 EF를 통해 필기감을 제대로 느끼고 사전에 감각을 익혀 두는 것이 좋다.

한동안 상황을 지켜보다가 문제가 해결되지 않으면 판매점에 가서 상담해 보기를 권한다. 만년필에 관한 지식이나 경험이 풍부한 점원이 있다면 상세하게 안내해 줄 테고, 왠지 미덥지 못한 판매점이라면 제조사에 보내어 확인을 의뢰하는 방법도 있다.

또, 대형 판매점이나 전문점을 중심으로 주로 필기구 제조사 주최로 만년필 상태를 진단해 주는 '펜 클리닉'이라는 이벤트가 열리기도 한다. 그런 기회를 통해 사용 중인 만년필을 진단받아 보는 것도 좋은 방법이다.

3

노트 제대로

활용하기

# 가장 변화한 문구는 노트다

최근 15년 정도를 되돌아볼 때 문구와 관련한 가장 큰 변화가 무엇이냐고 묻는다면 나는 가장 먼저 노트를 꼽는다.

　2000년대 초반에는 대형 문구점에서도 노트 부문은 비교적 큰 동요 없이 차분한 분위기였다. 모두가 다 아는 고쿠요의 '캠퍼스 노트', 스틸 와이어로 종이를 철한 링노트, 어린이용 학습노트 등이 제품 구성의 중심을 이루고 있었으며, 그 밖에 루스리프loose leaf, 종이를 뺐다 끼웠다 할 수 있는 노트 부류의 제품들이 진열대 대부분을 차지하고 있었다.

　하지만 변화의 계기가 되는 제품이 나타났다. 이탈리아 브랜드 '몰스킨'이 등장한 것이다. 딱딱한 검정 커버의 실 제본 노트. 바깥쪽에는 표지를 고정하는 고무 밴드가 붙어 있다. 겉모양은 수첩이면서 달력은 없고 가로 괘선이나 모눈 괘선 등이 인쇄된 용지는 누가 봐도 노트였다. 심플하면서 클래식한 외관을 갖추고 있으면서도 독특한 세계관을 드러내고 있었다.

　이 노트를 전문적으로 다루는 팬 사이트가 등장한 것도 당시에 주목할 만한 일이었다. 몰스킨은 북미와 유럽을 비롯해 아시아에서도 큰 인기를 얻었고 다수의 유사 제품도 등장하면서 하드커버 노트라는 하나의 종류를 확립했다. 몰스킨의 성공은 전 세계 노트 시장에 활기를 가져왔다. 콘셉트가 확실하면 사용자에게 제대로 먹힌다는 점, 약간 비싸기는 해도 튼튼한 편이 좋다는 점, 무엇보다 노트가 문구의 주인공이 될 수 있다는 점을 많은 제조사를 비롯해 유통 업체, 소매점 관계자들이 느

클래식한 분위기와 편리한 사용감을 겸비한 몰스킨 노트.
대고 쓸 책상이 없는 상황에서 하드커버의 고마움을 실감할 수 있다.

껐으리라 생각한다.

나는 2004년에 출간한 『문구를 즐겁게 사용하기–노트와 수첩 편–』을 통해 몰스킨을 포함한 국내외의 여러 가지 노트와 수첩을 소개했다. 그전까지 문구에 관한 종합적인 특집 기사를 실은 잡지나 수첩 사용법을 소개하는 책은 있었지만, 노트를 출발점으로 삼아 논점을 전개한 내용의 책은 거의 없었다.

그도 그럴 것이 노트는 '종이를 묶어 놓았을 뿐인' 매우 단순한 제품으로 달랑 노트 하나로는 평론이 성립되기 어렵고, 또 만년필이나 가죽 수첩과 같은 고가의 상품도 아니라서 기사에 광고가 붙기 어렵다는 사정이 작용했을 것이다.

그 책에서 나는 사람과 노트의 관계에 대한 생각과 함께 일부 난잡한 책에서처럼 사소한 테크닉을 소개하는 것이 아닌 노트의 기본적인 분류나 선택 방법에 관한 여러 가지를 풀어 보았다. 지금은 잡지의 수첩 특집 기사 등에 당연하게 쓰이는 '노트나 수첩을 구성하기, 구축하기'와 같은 표현도 그 책의 내용 혹은 이후에 내가 기고한 무크지의 기사가 원류라고 할 수 있다. 그 결과 '노트와 수첩 편'에 많은 문구 마니아들이 관심을 보여줬을 뿐 아니라, 감사하게도 문구점이나 잡화점 바이어들이 노트나 수첩을 판매할 때 지침서로 쓰기도 했다.

그 책의 요점을 이번 장에도 담고 있다. 노트는 그저 단순히 종이를 묶어 놓기만 한 것이 아니다. 다양한 형태와 기능을 갖추고 있다. 사양이나 크기 등 약간의 차이로도 사용감은 물론이고 용도마저 확 달라진다.

## 포인트는 크기, 철하는 방법, 종이의 종류

문구 매장에 진열된 수많은 노트. 제조사나 시리즈별로 독특하고 재미있는 아이디어가 담겨 있어서 뭘 사면 좋을지 고민스러워지는데, 이 노트들을 세 가지 기준에 따라 분류해 보면 제품을 더욱 잘 이해할 수 있을 것이다.

첫 번째로 크기에 대해서 살펴보자. 작으면 휴대하기 편리하고 크면 글씨를 쓰기가 좋다. 또한, 지면이 작으면 조금 썼을 뿐인데도 종잇장을 넘겨야 하므로 다 쓰고 버리기를 되풀이하는 경우에 적합하다. 한편, 큼직한 노트는 한 페이지에 쓸 수 있는 양이 많으므로 어떤 내용을 한 페이지 안에 정리해서 다시 읽어 봐야 하는 상황에 알맞다. 한 페이지에 여러 개의 포스트잇을 붙이는 용도에도 큼지막한 노트가 그만이다.

크기에 관련해서는 노트의 A판과 B판의 차이를 아는 것도 중요하다. 종이 대부분은 인쇄용으로 만들어지기 때문에 기본적으로 노트 크기는 물론이고 표기도 인쇄용지 규격을 따르고 있다. 예를 들어 학습용 노트로 일반적인 것은 'B5판'인데, 이 호칭의 숫자 부분을 하나씩 줄여 가면 종이 면적이 두 배로 커진다. 예를 들어 B4는 B5의 두 배다.

가장 큰 전지는 B0판으로 1030×1456mm다. 마찬가지로 A0판도 있으며 크기는 841×189mm이다. 전지가 두 종류인 이유는 A판은 국외에서 유래한 규격이고 B판(일본 JIS규격 기준)은 국내에서 유래한 규격이기 때문이다. 즉 A판과 B판 사이에 체계적인 관계가 있는 것은 아니다. 다만 A판, B판 모두 각 용지의 세로와 가로 비율은 항상 100 대 71 가량이다.

고등학생 때 많이 사용했던 루스리프는 B5판, 회사에서 사용하는 복사용지는 A4판이 중심이다. 그러므로 회사에서 사용하는 노트를 A4판이나 A5판으로 하면 복사나 스캔을 할 때 범용성이 높아진다. 이렇듯 노트 크기는 쉽게 지나칠 수 없는 포인트가 된다.

두 번째, 철하는 방법에 관해서 얘기해 보자. 노트는 철하는 방법과 철하는 위치에 따라 그 성격이나 용도, 기능이 크게 달라진다. 같은 크기의 노트라도 실로 철한 것인지 링으로 철한 것인지, 아니면 루스리프 같은 낱장 용지인지에 따라 쓰임새가 달라진다.

실로 철한 노트는 책상 위에 좌우 양면을 펼친 상태로 두어야 하지만 링으로 철한 경우라면 한쪽 페이지만큼의 면적으로 해결된다. 게다가 루스리프는 페이지 순서를 자유자재로 바꿀 수도 있다.

링노트는 종이를 묶고 있는 링이 방해물이 되어 왼쪽 페이지에 글자를 쓸 때 약간 힘들지만, 두툼한 뒤표지를 끼워 놓은 제품이라면 그것이 받침 역할을 해서 손에 들고 쓸 때는 필기가 쉬워진다. 거기서 한 단계 나아간 제품으로 바인딩 링을 용지 위쪽에 위치시킨 스테노 패드Steno Pad도 있다. 스테노는 '속기'라는 뜻이다. 강한 스틸 바인딩 링 덕분에 와일드해진 외관도 나름 괜찮다.

아마도 일본인에게는 가장 친숙한 고쿠요의 캠퍼스 노트는 무선철(무선제본), 즉 실을 사용하지 않고 접착제만을 사용해서 철한 것이다. 유사한 노트 대부분이 실 제본인 데 반해 캠퍼스 노트의 경우는 표지와 뒤표지, 속지 세 가지 부재를 접착제로 정밀하게 제본하여 거기에 보호, 보강용 제본 레이프를 붙여 놓았다. 페이지가 평평하게 펼쳐져서 전체적으로 필기하기가 쉽다. 또한 노트 전체가 콤팩트한 사각형으로 휴대나 수납이 편리하다.

한편으로 '튼튼하게 철하지 않는' 노트도 있다. 블록 메모 등으로 불리는 제품이다. 높게 쌓은 용지의 한 가장자리(단면)를 뜯기 쉬운 접착제로 고정한 것인데 쓸 때마다 뜯어내어 사용한다. 또는 단단하게 철한 뒤 용지 가장자리에 점선을 넣어 뜯어내기 쉽게 만든 제품도 있다. 위와 같은 예에서 알 수 있듯이 제본 방법의 차이는 노트의 상품적 성격을 결정하는 중요한 요소가 된다.

마지막으로 용지의 종류에 대해서 살펴보자. 종이 소재에 따른 용지 두께나 종이 색깔의 차이 등 여러 가지 요소를 생각할 수 있다. 또 사용할 필기구를 상정하여 그에 걸맞게끔 종이 표면의 평활도[종이의 매끄러운 정도]를 조절하거나 종이에 함침 含浸하는 약품을 조절하는 등 세세한 부분에서도 차이가 나타난다.

최근에는 보통의 필기 용지와 더불어 그림 그릴 때 사용하는 종이도 인기가 있다. 본래는 러프 스케치 용도로 사용되던 크로키 용지는 지면이 펜 끝에 달라붙지 않는 경쾌한 필기감을 선호하는 사람들이 증가하면서 급속하게 퍼지고 있다. 도화지를 루스리프 형태로 만든 제품도 판매되고 있다.

## 의외로 깊이 있는 '괘선'의 세계

종이에 인쇄된 괘선은 매우 중요하다. 먼저 가로줄이 그어진 '가로 괘선'을 살펴 보자. 학습용으로 사용하거나 기록용으로 글자를 단정하게 써 나가는 데 적합한, 말하지 않아도 누구나 다 아는 괘선이다. 가로 괘선은 괘선 간격에 따라 종류가 나뉘며 일본에서 가장 흔히 볼 수 있는 것은 7mm와 6mm 두 가지다. 유럽제 노트에는 7mm 괘선이 많다. 사용자는 쓰고 싶은 글자 크기에 맞춰 선택하면 된다. 최근에는 중간 촉이나 굵은 촉 펜을 사용하는 사람들이 늘어 괘선 간격이 한층 넓은 노트도 나오고 있다.

가로 괘선 노트의 변종으로 노트 지면 왼쪽 가장자리에서 3cm 정도 위치에 세로로 한 줄이 그어져 있는 제품이 있다. 여백선이라고 불리는 이 세로줄 왼쪽에는 기재하는 내용과 관련한 날짜와 시각이나 주석을 기재한다. 해외의 가로 괘선 노트 대부분에는 여백선이 기본적으로 들어가 있다.

그중에는 세로줄이 용지 한가운데 위치하는 것도 있다. 이것은 원래 속기사용 노트로 중앙선 기준 왼쪽에는 기호와 같은 속기 부호를 기재하고 나중에 오른쪽에 속기 내용을 풀이한 문장을 적어 넣는 식으로 사용되며 스테노 북Steno Book 또는 스테노 노트Steno Note 등으로 불린다. 하지만 속기 용도로 사용되는 일이 거의 없는 현재에도, 특히 미국에서 스테노 북이 많이 판매되고 있다. 예를 들면 단어와 뜻풀이, 상사의 지시 사항과 진행 상황, 취재 내용과 원고 아이디어 등을 좌우로 나눠 쓰기에 편리하기 때문인 것 같다.

가로 괘선 제품보다 그 비중은 훨씬 적지만 최근 쏠쏠한 인기를 얻고 있는 것이 '모눈 괘선'이다. 가로세로의 가느다란 줄이 네모난 칸(모눈)을 이루고 있다. 예전부터 일본에도 간단한 도면을 작성할 때 사용하는 모눈 괘선 패드(한 장씩 잘라낼 수 있는 노트)가 몇 가지 출시되어 있다.

일본에서 모눈 괘선이 널리 알려지는 계기가 된 제품 중 하나로 델포닉스DELFONICS의 롤반Rollbahn이라는 노트가 있다. 델포닉스는 스타일리시한 문구나 잡화를 기획하고 판매하는 일본 회사인데 직영점인 'DELFONICS'와 'Smith'가 유명하다. 롤반은 어딘지 모르게 유럽 느낌이 나는 세련된 표지의 소형 링 제본 노트로 5mm 모눈 괘선을 채택하고 있다. 가격대도 적당해서 인기가 많다.

그 밖에 프랑스제 블록 메모 로디아Rhodia도 5mm 모눈 괘선으로 되어 있다. 몰스킨은 클래식한 외관에 기본적으로 가로 괘선, 모눈 괘선, 무지의 세 가지를 갖춰 골라 쓸 수 있는 특장점으로 모눈 괘선의 확산을 뒷받침했다. 나도 몰스킨 제품은 일본에 등장하기 시작한 초창기부터 통신판매로 취급했었는데 주문의 절반 이상이 모눈 괘선 타입이라 놀라웠던 기억이 있다.

모눈 괘선의 장점은 글쓰기와 도면 그리기 양쪽 모두에 사용하기 쉽다는 점에 있다. 가로세로의 줄이 글자나 일러스트의 적절한 위치를 결정하는 것을 도와주기 때문이다. 우수한 품질의 극세 펜촉 필기구가 널리 보급되면서 5mm의 작은 칸 안에 글자를 써넣는 일이 이전보다 훨씬 쉽고 즐거워진 덕도 크다고 생각한다.

또, ToDo 리스트(할 일의 목록)를 작성하기에도 좋다. 2004년에 출간한 책에서 로디아의 모눈 괘선에 손글씨로 네모 칸과 체크 마크를 이용하여 ToDo 리스트를 작성하는 방법을 소개한 적이 있는데, 그 방법이 지금까지 널리 쓰여 모눈 괘선 노트의 일상적인 사용법 중 하나가 되었다. 포스트잇이나 스티커, 마스킹 테이프 등을 알맞게 붙이는 데도 모눈 괘선은 참 편리하다.

예전에는 드물었던 무지 노트도 몰스킨의 영향 덕분인지 지금은 상당히 일반적인 것이 되었다. 무지 노트를 작은 스케치 북 삼아 사용하는 사례가 보이기도 한다. 마루만이 새롭게 발매한 소형 하드커버 노트 '그리피'는 보통의 필기 용지(가로 괘선과 모눈 괘선) 모델 이외에 무지 도화지나 크로키 용지도 갖춰 본격적인 스케치 노트를 지향하고 있다.

또 하나 급속하게 퍼지고 있는 괘선 종류가 '도트 괘선'이다. 작고 동그란 점이 가로세로 같은 간격으로 지면에 인쇄되어 있는데 모눈 괘선의 변주라고 볼 수 있다. 무지 노트는 글자나 그림의 적절한 위치를 잡을 때 불편하고, 모눈 괘선 노트는 선이 방해된다는 단점을 보완하고자 탄생하게 된 것이다.

실제로 도트 괘선 노트를 사용해 보면 글자도 그림도 배치하기 편리하다. 점이 흐릿하게 인쇄된 제품의 경우 거의 무지에 가까울 뿐 아니라 포스트잇이나 스티커 등을 붙일 때 수평과 수직을 맞추기에도 편리하다. 무지보다는 도트가 있는 편이 안심되므로 앞으로도 도트 괘선은 많이 사용될 것 같다. 다만 사람에 따라서는 점과 점을 연결해 깔끔한 선을 긋기가 쉽지 않아, 나는 도트 괘선 노트에 도면을 그리는 것이 조금 어려웠다.

이 밖에도 조감도를 그리기에 적합한 교차 사선 괘선, 화학식의 하나인 벤젠 고리를 쉽게 그릴 수 있는 노트 등 여러 가지로 고안된 괘선들이 등장하고 있다. 괘선은 그 종류뿐 아니라 인쇄 농도나 선의 굵기 또는 색상에 따라서도 지면의 인상이나 사용감이 달라지므로 노트를 고를 때 중요한 요소 중 하나가 된다.

별생각 없이 표지 디자인만을 보고 구매했던 노트도 이처

럼 각 요소로 나누어 살펴보면 각각의 차이와 역할이 조금씩
보이기 시작할 것이다.

## 종이는 업무의 스타트 대시를 받쳐 준다

'종이 없이 업무를 처리하자'는 의미의 페이퍼리스라는 용어가
등장한 지도 제법 시간이 흘렀다. 도면, 고객 정보, 수주 발주
처리 등의 전자화는 사회에 큰 변화를 가져왔다.

개인의 작업 단계에까지 페이퍼리스가 침투했다고 실감한
것은 인터넷과 휴대 전화망이 발달하고 컴퓨터나 스마트폰이
고성능화되어 높은 수준의 애플리케이션이나 웹 서비스가 일
반화된 최근 5년 정도의 일이다. 자료의 많은 부분을 워드 파
일이나 PDF로 보관하고 회의나 프레젠테이션 자료는 파워포
인트 등으로 작성하는 것이 당연한 일이 되었다.

그렇다면 종이를 전혀 사용하지 않게 되었을까? 그렇지 않
다. 나는 출장을 갈 때도 A4 크기의 노트를 손에서 놓지 않으
며 주위를 둘러봐도 수첩이나 노트를 가지고 다니는 사람은 여
전히 많이 보인다. 그러고 보니 IT 계열 유명 기업인 사이버 에
이전트Cyber Agent의 후지타 스스무 사장도 자신의 블로그를
통해 "벌써 여러 해 동안 회의를 할 때면 메모를 위해 스케치북
을 애용하고 있다."라고 밝혔다.

페이퍼리스화가 확산된 지금 업무에서 노트가 하는 역할

은 과연 뭘까? 나는 중요한 사항을 기록하는 '다이어리'와 새로운 아이디어를 전개하는 '플래닝' 두 가지라고 생각한다.

다이어리는 직역하면 일기 또는 일지로 업무 협의 내용이나 현장에서 얻은 정보, 돌아오는 길에 문득 생각난 일을 기록하는 도구다. 비망록 때로는 증거 기록장으로 사용하고자 수첩이나 노트를 한 권 가지고 다니는 것은 매일의 업무를 해 나갈 때 많은 도움이 된다.

스마트폰이나 태블릿에 기록하는 일의 편리함을 나 역시 충분히 알고 있으며 활용하고도 있지만, 언제까지 서비스가 유지될지 알 수 없는 애플리케이션이나 예기치 못한 고장이 일어날 수 있는 디바이스에 대해 잠재적인 불안감이 있는 것도 사실이다. 제4장에서 '수첩의 기본을 이루는 스케줄러와 다이어리'에 대해서 설명하겠지만, 예를 들어 호보니치 수첩[호보 일간 이토이신문ほぼ日刊イトイ新聞에서 판매하는 수첩. 1일 1페이지 사용으로 자유도가 높아 사용자는 자신의 취향에 따라 다양하게 사용할 수 있음]의 높은 인기를 봐도 종이로 된 다이어리는 여전히 중요한 역할을 하고 있다고 볼 수 있다.

한편 '플래닝'은 조금 더 쉽게 표현하자면 아이디어 짜내기라고 할 수 있다. 새롭게 착수하는 프로젝트의 시작 단계에서 컴퓨터 모니터만 앞에 두고 진행하는 건 머릿속에 이미 정보에 대한 정리가 다 되어 있는 사람이나 가능할 것이다.

대부분의 사람들이 어떤 일을 시작할 때 종이에 여러 가지 생각을 적어 보리라 생각한다. 어떤 방향으로 진행하면 좋을지 정해야 하는 과제를 앞두고 정황을 정리하기 위해 몇 가지 요소를 끄집어내어 글자와 그림을 동시에 평면상에 펼쳐 놓는 작업을 할 때는 큼지막한 종이를 사용하면 손쉽게, 게다가 비용도 크게 들이지 않고 해결할 수 있다. 이러한 플래닝 단계를 잘 구현한 노트가 있다. 마루만의 비즈니스 노트 니모시네 Mnemosyne 시리즈의 'N180A'이다.

마루만은 그림을 그리는 사람들에게는 오렌지색과 진녹색 톤이 섞인 표지 디자인의 스케치북으로 친숙하며, 학생들에게는 루스리프 상품군을 통해 잘 알려져 있다. 비교적 이른 시기부터 비즈니스 노트라는 종류에도 손을 대면서 많은 제품을 만들고 있다.

N180A는 노트로서는 큼직한 A4 크기에 글자나 일러스트를 그리기 좋은 5mm 모눈으로 되어 있다. 그 밖에 무지 모델 'N181A'도 있다. 제본 방식은 링 제본이다. 특징은 종이를 가로로 길게 놓고 사용한다는 점이다. 비즈니스 노트지만 마치 스케치북처럼 사용하도록 한 점에서 그림 도구의 명가인 마루만다움을 엿볼 수 있다.

가로로 길쭉한 지면은 머릿속에 떠오른 키워드를 자유자재로 배치하거나 또는 왼쪽 열에 항목을 쓰고 오른쪽에 그것을 반영한 그림을 그려 넣는 식으로 아이디어 짜기에 용이하다.

용지를 제본한 쪽에는 미세하게 커팅된 점선이 있어 페이지 가장자리에 있는 삼각형 마크를 손으로 누르면서 종이를 당기면 페이지를 깔끔하게 분리할 수 있다. 분리한 용지는 A4 정사이즈로 그대로 복사기나 팩스, 문서 스캐너에 사용하기 편하다. 용지는 평활도가 높아 샤프펜슬에서부터 극세촉 겔 잉크

그림 도구 제조사이기도 한 마루만의 니모시네 N180A.
스케치북을 사용하듯 업무 계획을 충분히 그려 넣을 수 있다.

볼펜에 이르기까지 쾌적하게 사용할 수 있다.

한 권에 1,000엔 정도로 다소 가격이 센 제품이지만, 거기서 발생하는 업무적 가치를 생각하면 노트를 유용하게 사용하는 사람에게는 결코 비싸다고 할 수 없다. '비즈니스 노트는 곧 작업 일지'라는 고정관념을 깨고 원활한 플래닝을 위한 사양을 갖춘 N180A는 업무용 노트의 대표작 가운데 하나라고 할 수 있다.

물론 일반적인 노트도 잘만 사용하면 얼마든지 플래닝 용도로 쓸 수 있다. N180A의 활용법을 참고하여 자신만의 방법을 생각해 보기 바란다.

# 즐겨 쓸 기본 노트를 찾기 위해

나는 직업상 노트를 구매하는 사람이나 사용하는 사람을 접할 기회가 많은데 그들을 통해 알게 된 흥미로운 사실이 있다. 그것은 바로 적지 않은 사람들이 한 상표에 정착하지 않고 계속 새로운 노트를 전전한다는 점이다. 물론 새로운 노트를 써 보고 싶다는 마음도 있겠지만, 어쩌면 자신에게 딱 맞는 노트를 찾고 있는 게 아닐까 싶다. 반대로 일찌감치 자기 마음에 드는 노트를 발견해 정착한 사람들도 있다. 오래오래 즐겨 사용할 기본 노트에는 어떤 요소가 필요할까?

첫 번째는 그 노트를 소유하고 사용함으로써 자신의 업무에 대한 동기를 높일 수 있어야 한다. 자동차나 자전거를 살 때 대개의 사람이 스타일이나 색감을 따지는 것과 마찬가지로 우리는 일에서도 무의식적으로 자신이 좋아하는 색깔이나 모양의 제품을 곁에 두고 그 효과를 업무에 연결 짓고 있다. 실제로 회사에서 지급되는 비품이 아닌 본인 취향의 사무용품을 일의 활력소로 삼고 있다는 사람을 많이 만나 봤다.

업무에 쓸 기본 노트에 필요한 두 번째 요소로는 용도에 맞는 기능성을 갖추고 있어야 한다는 점이 있다. 목적은 어디까지나 업무를 바르게 그리고 효율적으로 진행하는 것이므로 노트가 발목을 잡아서는 안 된다. 적절한 크기나 중량(이동성), 필기구와의 친화성(필기감), 비즈니스 현장에 적합한 지면이나 표지 소재, 제본 사양 등을 들 수 있다.

특히 용지 크기나 가로세로의 비율에 대해서는 그 중요성을 간과하기 쉽다. 최근에는 가지고 다니기 편하도록 가로 폭이 좁고 세로로 긴 노트가 증가하고 있다. 제조사가 소비자의 다양한 요구에 세세하게 부응하고 있다는 점은 바람직하지만, 노트는 애초에 제본된 면인 책등 주변은 글을 쓰기가 어렵다는 문제가 있다. 용지의 가로 폭이 좁아질수록 지면에서 '제본된 면 주변'의 비율이 커지게 되어 한 페이지 안에 사용할 수 있는 면적이 작아진다.

그러므로 유행에 따르기보다는 먼저 자신이 일할 때 사용하는 종이의 분량이나 기재할 내용에 맞는 용지 크기를 파악한 후 거기에 적합한 제품을 찾아보자.

노트의 제본 사양에 대해서는 특히 링 제본 노트(이하 링노트)에 대한 오해가 많은 것 같다. 링노트는 책상에 평평하게 펼쳐 두면 왼쪽 페이지에 필기할 때 링이 손이나 손가락을 방해하여 글을 쓰기 어렵기에 기피하는 사람이 많다. 하지만 그것은 링노트가 가지고 있는 이점에 비하면 작은 부분이다.

링노트는 사용하지 않는 페이지를 반대쪽으로 돌려놓으면 그만큼 책상을 넓게 사용할 수 있다. 반만 펼쳐 책상에 두면 링 때문에 필기하는 데 방해가 되지도 않고 다른 페이지의 내용을 노출하지 않도록 할 수도 있다. 또한 왼쪽 페이지는 쓰지 않는다는 규칙을 세워 사용할 수도 있다. 오른쪽 페이지만 사용한 뒤 노트를 뒤집어서 뒤에서부터 다시 쓰는 방법도 가능하니까.

게다가 판지 등 아주 두꺼운 종이가 표지로 쓰였다면 받침대 대용으로 사용할 수 있어 손에 들고 글을 쓸 때도 편리하다. 이런 점은 방문한 거래처에서 책상 등 글을 쓸 만한 공간을 확보하기 어려운 영업직이나 야외, 공장, 연구소 등의 현장에서 일하는 사람들에게는 장점이 되기도 한다. 요즘은 보기 드문, 튼튼하고 두꺼운 와이어 링과 두꺼운 판지가 사용된 링노트에는 그 나름의 이유가 있었다는 말이다.

오래 사용할 기본 노트가 갖춰야 할 그 밖의 요소로 가격과 공급성도 빼놓을 수 없다. 매일같이 많은 정보를 기재해서 노트를 대량으로 사용하는 사람에게 가격은 중요한 요소다. 얼핏 보기에 스타일리시한 비즈니스용 노트라도 특별한 기능 없이 비싸기만 하다면 그보다 싼 노트에 가죽 커버를 씌워 사용하는 편이 훨씬 낫다.

쭉 사용할 생각이라면 생산 중단·모델 변경으로 인해 구입하지 못하게 될 우려가 있거나 취급점이 너무 적은 제품도 잘 생각해 봐야 한다. 이 부분은 앞서 언급했던 '업무에 대한 동기 부여'와의 균형을 고려하여 자신이 즐겨 쓸 기본 노트를 정했으면 한다.

## 사회인이 사용하기에 딱 좋은 루스리프

여러분은 학생 시절 어떤 노트를 사용했는가? 캠퍼스 노트로 대표되는 제본 노트? 아니면 루스리프? 업무와 관련해서 몇 차례 학교 수업 풍경을 살펴보고 조사할 일이 있었는데 중학생이나 고등학생이 되면 루스리프를 사용하는 학생의 비율이 늘어난다는 사실을 알게 되었다. 교과서 판형도 예전보다 커졌고, 필통도 점점 커지고 있으며, 전자사전 등 옛날과 달리 여러 물건이 책상을 차지하고 있으면서도 책상의 크기는 그대로라 예전과 비교하면 노트를 펼쳐 놓을 공간이 매우 좁아졌다. 사정이 그렇다 보니 낱장 구성의 루스리프가 활약할 만도 하다는 생각이 들었다. 세로쓰기가 필요할 때는 가로 괘선의 루스리프를 세로가 되도록 놓고 사용하는 경우도 있었다.

학생들이 평소 사용하는 루스리프는 B5 크기로 바인딩 구멍이 26개짜리다. 이 타입은 괘선 종류도 다양하고 손에 들기도 좋으며 교실 책상 위에 두어도 방해가 되지 않는 크기다.

그런데 학교를 졸업하고 사회인이 되면 루스리프를 사용하는 사람이 적어진다는 사실이 한 조사를 통해 확인되었다. 이유 중 하나는 노트 필기량이 크게 줄기 때문이다. 즉 종류에 상관없이 노트 자체를 사용하지 않게 된다는 얘기일 것이다. 그래도 사회인이 루스리프를 사용하면 편리한 점은 많다.

루스리프의 장점은 낱장의 용지에 기재할 수 있다는 점이다. 필요한 매수만큼만 가지고 다닐 수 있으므로 출장 갈 때 짐이 많은 사람에게는 하나의 선택지가 될 수 있다. 또 글을 다 쓴 후에도 페이지 순서를 자유자재로 변경할 수 있다. 그때그때 주제별로 페이지를 선정하고 바인더에 끼워 한 권으로 만들어 낼 수 있는 '직접 편집이 가능한 노트'인 셈이다. "용지를 자유자재로 갈아 끼울 수 있는 제품이라면 비즈니스 용도로는 시스템 수첩이 있지 않냐?"라는 의문을 품는 사람이 있을지도 모르겠다.

용지를 갈아 끼워 사용할 수 있다는 점에서 루스리프와 시스템 수첩 사이에 유사성은 있지만, 시스템 수첩에 많이 이용되는 바이블 사이즈[영국제 시스템 다이어리 파일로팩스Filofax의 일본 내 첫 해설서라고 불리는 『슈퍼 수첩의 업무술』을 쓴 일본의 저널리스트 야마네 카즈마가 최초로 사용하면서 정착한 단어로 서구에서는 사용되지 않으며, 대략 가로 95mm, 세로 171mm 크기를 말함]의 용지는 루스리프 B5 크기와는 비교할 수도 없을 정도로 작다. 사용해 보면 알겠지만 작은 지면에 정보를 담는 일은 의외로 힘들다. 물론 시스템 수첩에도 A5 크기가 있다. 그런데 그 크기에 가죽이나 합성 피혁의 커버가 붙어 있으면 제법 무게가 나간다.

이 부분은 취향의 문제로 "이제 사회인도 되었으니 자신의 스타일이나 정체성에 맞춰 시스템 수첩을 선택하고 싶다." "이 브랜드의 제품을 써 보고 싶다."라는 개인적인 동기가 시스템 수첩을 선택하게끔 한다. 나도 회사원 시절에는 시스템 수첩에 빠져 있었으므로 그런 마음을 충분히 이해하지만 루스리프의 경우는 '용지를 갈아 끼우면서 사용하는 가장 기본적인 노트'로 구분해야 한다고 생각한다.

그렇다면 업무에서 루스리프를 어떻게 사용하면 될까? 먼저 종이 사용의 흐름을 예측하는 부분에서부터 시작해 보자. 루스리프는 한 장의 종이가 최소 단위다. 이 종이가 글자로 가득 차면 그 후 다시 읽어 보는 일 없이 보관될 것인지 앞으로도 빈번하게 활용될 것인지에 따라 종이의 목적지가 달라진다. 진행하는 업무가 프로젝트 A, B, C와 같이 나뉘어 있다면 종이도 분류할 필요가 생긴다. 게다가 업무적인 내용뿐 아니라 가정이나 아이 등 사적인 정보를 적어 둘 가능성도 있다.

보관이냐 활용이냐. 어떻게 분류를 할 것이냐. 이런 점을 기준으로 삼아 이번에는 종이의 물리적 정리 방법에 대해서 생각해 보기로 하자. 물리적 정리 방법이란 요컨대 바인더에 어떻게 철할 것인지를 말한다.

루스리프용 바인더는 주변의 작은 문구점에서도 대부분 갖춰 놓고 있다. 우선 바인더를 하나 구매해서 가지고 있는 종이를 철해 보자. 바인더는 일정 두께까지만 종이를 철할 수 있도록 한도가 정해져 있다. 바인더는 외관 디자인의 차이뿐 아니라 철하는 링의 크기에 따라 용도가 분류되어 있다. 링이 클수록 보관 전용 제품에 가깝다. 넘쳐나는 종이를 보관 전용 바인더로 옮겨 놓을 것인지, 아니면 비슷한 바인더를 여러 개 구매해서 정리할 것인지, 그도 아니면 철하지 않고 봉투나 클리어 홀더에 넣어 놓을 것인지를 사전에 검토한다. 업무는 때론 쉴 틈 없이 이어지므로 이처럼 얼핏 당연하다고 생각되는 일련의 작업을 처음부터 상정해 둘 필요가 있다.

루스리프를 사용해서 글을 쓰고 그 종이를 철하고 그 내용에 따라 분류해 나가다 보면 저절로 '자주 보게 되는 종이'와 '좀처럼 볼 일이 없으나 보관해야 하는 종이'로 나뉘게 된다. 이 중 자주 보게 되는 종이를 어떻게 활용할 것인지를 생각해 봐야 한다. 항상 가까이에 두어야 하는 종이는 메인 바인더에 철하는데 이때 비로소 바인더에 포함된 '인덱스 용지(색인지)'를 활용하게 된다.

많은 사람들이 인덱스 용지를 별다른 생각 없이 붙여 놓기만 할 뿐 어떤 규칙을 정해 놓고 사용하는 것 같지 않다. 예를 들어 학교에서 사용하는 경우라면 국어, 수학, 영어 등 과목별로 분류하는 방법이 있을 것 같은데, 업무에서는 어떨까? 만일 인덱스 용지가 5장 이상 붙어 있다면 그중 마지막 한 장을 '미결(정)'로 사용하길 추천한다.

루스리프는 노트의 일종이지만 파일링 용품의 성격도 가지고 있다. 파일링 작업을 하다 보면 분류할 곳을 정하기 어려운 서류가 꼭 발생한다. 이른바 미결 서류다. 그 미결 서류를 일시적으로 보관하는 장소를 마련해 두면 루스리프의 운용이 원활해진다. 현장에서 기재한 메모 등과 같이 갑자기 발생한 종이는 우선 미결 부분에 철해 두고 시간이 있을 때 분류한다.

인덱스 용지는 보통 무지개 색깔로 나뉜 경우가 많다. 해외 파일링 용품에도 색색깔 인덱스 용지가 많은데 이는 전 세계 어디서나 비슷한 것 같다. 하지만 나는 적어도 개인이나 소규모 오피스의 경우라면 색깔로 분류하지 않기를 제안한다. 인덱스 용지에는 연도나 프로젝트명, 고객명 등과 같은 구체적인 글자나 숫자를 기재하여 구별하는 것이 좋다. 색깔이 들어간 제품을 구입했다면 흰색 라벨이나 마스킹 테이프에 분류 항목을 기재하여 인덱스 용지 위에 덧붙이면 된다.

루스리프 관련 상품으로는 인덱스 용지 이외에 팸플릿 종류를 열람하는 데 편리한 클리어 포켓이나 소품류 및 필기구 등을 수납할 수 있는 지퍼가 달린 소프트 케이스 등도 있다.

이런 여러 가지 관련 상품 중 내가 가장 추천하고 싶은 제품은 바로 '게이지 펀치'다. 이것은 보통의 문서에 루스리프와 같은 구멍을 뚫는 도구로 종이에 구멍을 뚫는 '펀치'를 개발하는 회사인 칼CARL 사무기의 제품이다.

명칭에서도 알 수 있듯이 '게이지(치수나 각도 등을 재는 도구)'와 '펀치'의 두 가지 기능을 갖춘 도구다. 게이지에 종이를 끼운 후 소형 펀치를 게이지에 대고 가장자리에서부터 차례로 구멍을 뚫어 나간다. 완성된 구멍은 기성 루스리프 제품과 다를 바 없이 깔끔하다.

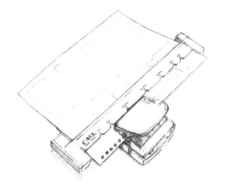

일반적인 서류 종이에 손쉽게 루스리프 구멍을
뚫을 수 있는 칼 사무기의 게이지 펀치. 루스리프를 본격적으로
활용하고자 하는 사람들의 필수 아이템이다.

일반 종이를 바인더에 철할 수 있게 되면 루스리프와 바인더의 활용도가 단번에 껑충 높아진다. 예를 들어 전달받은 회의 자료나 인쇄한 용지를 일시적으로 철하거나 메모 패드에 적어 놓았던 아이디어를 바인더에 옮겨 둘 수도 있다. 영수증이나 티켓 따위를 빈 종이에 붙이는 스크랩북의 용도로 사용할 경우는 굳이 시판 루스리프를 살 필요 없이 값싼 복사용지에 구멍을 뚫어 사용하는 방법도 생각해 볼 만하다. 그리고 A4 크기의 문서를 주로 철할 경우 바인더는 A4 크기뿐 아니라 A5 크기도 선택지에 넣을 수 있다. 접으면 되기 때문이다. 용도와 휴대 여부를 고려하여 검토해 보자.

최근에는 좋아하는 용지를 고르면 전용 제본 도구를 사용해 한 권의 노트로 만들어 주는 가게도 있는데 게이지 펀치만 있다면 직접 만들어 볼 수 있다.

게다가 같은 칼 사무기의 제품 중 게이지 펀치의 상위 모델인 'GLISSER'라는 펀칭기를 사용하면 한 번의 슬라이드 조작으로 루스리프와 똑같은 구멍을 뚫을 수 있다.

## 양질의 노트들

지금까지 노트와 관련한 기본적인 생각과 활용에 관한 힌트를 소개해 봤는데, 여기서부터는 실제로 판매되고 있는 제품을 살펴보면서 각각이 가지고 있는 장점을 설명해 보기로 하겠다.

.

## ☼ 고쿠요 '캠퍼스 노트'

고쿠요는 일본 안에서 널리 알려진 문구와 사무용품을 만드는 회사다. 그리고 여기서 만드는 캠퍼스 노트는 안 파는 가게를 찾는 것이 어려울 정도로 기본적인 노트라고 할 수 있다.

캠퍼스 노트라는 상표가 등장한 것은 1975년의 일이다. 최근 10여 년 가까이 그야말로 세련된 노트와 문구가 화제가 되고 있는데, 노트를 제대로 사용하는 사람이라면 캠퍼스 노트를 특별히 애용한다는 얘기를 종종 듣게 된다.

실을 사용하지 않는 무선제본 방식으로 제본하여 네 귀퉁이가 반듯하게 각진 형태를 이루는 매우 얇은 노트다. 매일같이 사용하느라 다 쓴 노트가 점점 늘어나도 책꽂이에 빈틈없이 쏙쏙 들어가서 최소한의 공간에도 보관하기 좋다. 캠퍼스 노트 중 가장 대중적인 것은 용지 매수가 30장인 모델인데 가방에 넣어서 가지고 다니기도 편하다.

너무나 친근해서 그냥 놓치기 쉽지만 많은 사람에게 사랑받는 기본 노트 1위는 바로 이 제품일지도 모르겠다. 비즈니스 현장에서 쓰기에는 외관상 좀 그렇다 싶다면 고급스러운 노트 커버를 씌워 보자. 사용할 일이 많은 노트는 한 권에 200엔이 안 되는 값싼 것을 사용하는 대신 커버에 좀 더 신경을 쓰는 방법도 좋다. 밝은 색깔의 얇은 가죽 소재를 선택한다면 훨씬 근사해 보일 것이다.

## ☼ 무인양품 '재생지 더블링 노트'

일본의 라이프 스타일에 큰 변화를 가져왔을 뿐 아니라 지금은 전 세계적으로도 많은 영향을 미친 무인양품의 제품이다. 생활용품이나 잡화 이외에 문구나 파일링 용품 중에서도 우수한 제품들이 눈에 띄는데, 개인적으로 좋아하는 것은 '재생지 더블링 노트'다. 특히 충분한 지면이 확보되는 A5 크기를 추천한다.

돌이켜 보면 2004년에 출간한 책에서도 이 제품을 추천했던 것 같은데, 지금도 계속 판매되고 있다. 아이보리색 표지에 회색 바인더 링. 그것만으로도 노트로서는 충분히 개성적이며 매력적이다. 표지는 아무런 글자도 없이 심플한데, 바로 그 점이 이 노트만의 아이코닉한 디자인으로 자리매김하게 되어 흥미롭다. 속지 역시 철저하게 심플한 무지다.

슬림한 외관인데도 용지 매수는 80매로 많은 편이라 안심하고 오래 쓸 수 있다. 기능적으로는 더 언급할 말이 떠오르지 않는데 사무실을 캐주얼하고 심플하게 꾸미고 싶다면 거기에 잘 어울리는 노트로 추천할 만하다.

※ 리히트 랩 '트위스트 노트'

콤팩트한 루스리프&바인더 형태의 노트로 보이지만 사실은 링노트의 진화형인 제품이 바로 리히트 랩의 '트위스트 노트'다. 리히트 랩LIHIT LAB은 스타일리시하고 기능적인 파일링 용품 및 데스크 주변 용품을 생산하는 일본 기업이다. 마찬가지로 파일링 용품을 만들고 있는 고쿠요나 킹짐KING JIM에 비해서는 인지도가 낮을 수 있으나 학교에서는 물론이고 비즈니스 현장에서도 제법 많은 사람이 이 회사의 제품을 사용하고 있다.

트위스트 노트는 루스리프처럼 연속적인 구멍이 뚫려 있는 전용 속지와 수지 소재의 가느다란 제본용 스프링으로 구성되어 있다. 먼저 이 제본용 스프링은 링 부분을 살짝 비틀어 주면 링이 개방되도록 고안되어 용지를 뺐다 끼웠다 할 수 있다. 좌우로 펼쳐 놓은 상태에서 지정된 두 곳을 양손으로 집어 살짝 잡아당기면 링이 열리는데, 이처럼 특별히 레버 조작을 하지 않아도 제본용 링을 여닫을 수 있는 교묘한 구조가 트위스트 노트의 중요한 특징이다.

게다가 트위스트 노트의 제본용 링은 노트 표지에 고정된 게 아니라서 보통의 링노트와 마찬가지로 용지를 360도 가까이 펼칠 수 있다. 즉 속지를 묶어 놓은 상태에서도 책상을 점유하는 면적은 낱장 자체와 거의 같다고 할 수 있다.

또한 전용 속지에도 특징이 있다. 겉모양은 루스리프와 비슷하지만 구멍 크기와 위치, 간격이 미묘하게 다르다. 특히 구멍 위치는 용지 가장자리에 바짝 붙어 있다. 이런 차이로 인해 링의 지름을 루스리프용 바인더의 지름보다 작게 할 수 있다. 그 결과 용지를 갈아 끼울 수 있는 콤팩트한 링노트가 실현된 것이다.

트위스트 노트의 겉모양은 기존 링노트와 거의 비슷하다. 게다가 문구점에 진열된 모습만으로는 그 둘을 변별하기 어려워 문구를 잘 모르는 사람에게 상품의 존재 자체를 알리기조차 쉽지 않다는 점이 아쉽다. 그나마 젊은 사람들은 센스 있는 제품에 민감해서 학교 교실에서나 어디서나 트위스트 노트를 사용하는 모습을 종종 볼 수 있다. 아마도 어른들은 미처 알지 못하는 숨은 히트 상품이 아닐까 싶다.

업무에서는 트위스트 노트를 어떻게 사용하면 좋을까? 제본용 링이 작다는 점이 특징이므로 루스리프 바인더처럼 여러 가지를 끼워 넣어 사용하는 방법은 적합하지 않다. 얇고 가볍다는 점과 용지를 갈아 끼울 수 있다는 점을 생각해 볼 때 단기간의 출장에서 활약할 수 있을 것 같다. 또, 완전히 제본된 노트를 사용하다 보면 헌 노트와 새 노트를 교체해야 하는 시기에는 두 권의 노트를 가지고 다녀야 할 때가 있다. 트위스트 노트라면 속지를 갈아 끼울 수 있으므로 한 권만 가지고 다녀도 된다.

'페이지 구성을 자주 업데이트할 수 있는 노트'라는 점에서 ToDo 리스트 겸 메모장으로 써도 좋다. ToDo 리스트건 메모장이건 매일매일 페이지를 갱신할 것이므로 필요없어진 ToDo 리스트나 메모는 노트에서 제거하면 된다. 낱장 단위로 교체할 수 있는 트위스트 노트의 이점이 크게 발휘될 것이다.

### ✺ 리갈패드

다소 꺼끌꺼끌한 종이 질감에 대부분 노란색 지면인 큼직한 메모 패드. 오래전 미국 영화의 한 장면을 보는 것 같은 느낌을 주는 노트 제품이다. 원래는 미국에서 헌 종이를 사용한 재생지로 만든 값싼 메모 패드가 시작인데 이후 용지 좌측에 세로줄(여백선)이 더해지면서 현재와 같은 모습이 되었다. 지금은 여러 제조사에서 생산하고 있으며 리갈패드Legal pad란 명칭은 거의 일반명사화되었다.

노란색 용지인 이유는 재생지의 낮은 질이 드러나지 않도록 색을 입힌 것에서 유래했다는데 지금은 그 노란색이 어디까지나 메모용지이며 임시 기재용임을 나타내고 있다. 리갈패드가 탄생했을 당시 문서를 정서할 때는 타자기가 사용되다 보니 '정식 기재는 흰색, 임시 기재는 노란색'이라는 형태로 나뉘게 되었다.

일반적인 리갈패드는 용지 위쪽 가장자리를 풀로 고정시켜 놓고 한 장씩 찢어서 사용할 수 있다. 제품 대부분에는 뒤표지에 두꺼운 판지가 사용되어 리갈패드 전체를 지지하는 받침 역할을 한다.

괘선은 가로 괘선. 리갈패드의 특징은 용지 왼쪽 가장자리에서 3cm 정도 위치에 세로로 그어진 여백선이다. 여백선 오른쪽에 본문을 적고 왼쪽에는 날짜나 시간, 주석을 기재하는 식으로 사용한다. 미국에서 오래 살았다는 어느 분의 얘기를 들어 보니 예를 들면 변호사 사무실 등에서 상담자가 말하는 내용을 리갈패드에 적을 때 여백선 왼쪽에는 각 내용에 해당하는 날짜를 적어 증언을 시간순으로 정리한다고 한다.

리갈패드 자체는 일본에서도 꽤 오래전부터 판매되었지만 판매하는 곳은 수입 문구를 취급하는 '이토야'나 '마루젠' 같은 대형 문구점 또는 백화점 문구 매장 등으로 한정되어 있었다. 물론 요즘에는 곳곳에서 리갈패드를 볼 수 있는데 어쩌면 최근의 문구 및 잡화의 유행에 더해 리갈패드 본연의 사용법인 '임시 기재용'이라는 용도가 재평가되는 측면도 있는 것 같다. 무작정 처음부터 컴퓨터로 문서를 작성하기보다는 큼직한 메모 패드에 자기 생각을 필기구로 쓱쓱 전개해 보는 작업. 그런

용도라면 이 노란색 종이가 아주 적합한 것 같다.

## ※ 로이텀 1917

검정 하드커버에 가죽 소재 밴드. 이탈리아에 근간을 둔 브랜드 몰스킨의 노트가 세계적으로 큰 인기를 얻으면서 몰스킨과 비슷한 사양의 모방품, 즉 유사 제품이 세계 곳곳에서 무수히 등장한다. 대부분 질이 낮은 몰스킨 복제품 같은 느낌인 와중에 딱 하나 몰스킨의 품질을 능가하는 제품이 나타났다.

바로 독일에 본사를 둔 로이텀 1917LEUCHTTURM 1917이다. 원래는 우표나 코인 등의 수집가들을 대상으로 한 고급 파일링 용품을 만들던 문구 제조사였는데, 지금으로부터 10년쯤 전에 검정 하드커버에 가죽 밴드가 장착된 노트를 판매하기 시작했다. 그 기본 모델은 클래식한 외관과 뒤표지 안쪽에 갖춰진 종이 소재 포켓 등 몰스킨을 흉내 낸 분위기이면서도 모든 용지에 페이지 번호가 인쇄된 점이 특징적이다. 또, 종이 질의 차이도 커다란 포인트다.

지금은 사용자가 여러 가지 필기구를 골라 쓰는 시대가 되었고 사용자마다 취향이 각각 다르다. 비슷한 외관이라도 종이의 품질이라는 차별점이 있다면 필기구와의 궁합도 고려해 선택할 수 있다. 몰스킨과 더불어 기억해 두었으면 하는 상표다.

## ※ 클레르퐁텐

노트에는 신기하게도 생산 국가마다 고유한 특징이 있다. 일본 제품은 가격대와 상관없이 통상적으로 고품질, 미국의 일반

대상 노트는 꽤 저렴한 종이 질, 영국은 표지도 용지도 괘선도 어딘지 모르게 투박한 느낌이 있다. 이런 요소들은 제조사의 감각뿐 아니라 종이를 공급하는 각국 제지 업체의 성격을 엿볼 수 있는 부분이기도 하다.

프랑스는 어떨까? 프랑스제 노트 중에 클레르퐁텐Claire-fontaine이라는 브랜드가 있다. 클레르퐁텐은 원래 프랑스의 대형 제지업체로, 제지 제조업체가 직접 만든 노트 브랜드라고 할 수 있다. 일본에는 꽤 오래전부터 수입되었었지만, 여전히 조금 낯설다.

이 회사 노트의 특징은 '여러 가지로 다르다'는 점이다. 먼저 용지가 무겁다는 것을 들 수 있다. 용지의 등급을 나타내는 지표의 하나로 1m²당 종이의 무게(평량)가 있다. 용지가 무거우면 종이가 두꺼운 경향이 있고 필기 용지로서의 등급은 높아진다. 예를 들어 일본제 노트는 제품 가격에 따라 60~80g의 범위 안에서 사용하고 있다. 그런데 클레르퐁텐은 거의 모든 제품에 90g을 채택하고 있다. 일본에서는 고급품에 사용되는 무게다. 용지가 두꺼우면 안정감이 있고 잉크 계열의 필기구를 사용해도 뒷면에 잘 비치지 않는다.

다음은 종이가 흰색이라는 점을 들 수 있다. 일본의 노트용 종이는 백색도를 그다지 높이지 않고 마무리된 것이 많은데, 적당한 흰색이라 눈이 피로하지 않다는 이점이 있다. 한편 클레르퐁텐의 표준 용지인 벨럼지Vellum paper, 모조지는 아주 새하얗다. 종이가 희면 잉크의 색감이 도드라져 아름답게 보이는 이점이 있다. 한편 신기한 점도 있는데 괘선의 마무리가 왠지 매우 소박하다는 점이다. 괘선의 인쇄가 지나치게 굵고 질거나 반대로 묘하게 희미할 때도 있다. 이러한 특징은 웃어넘길 수밖에 없는데, 나로서는 이처럼 '다른' 제품을 일부러라도 사용해 보고 싶은 생각이 든다. 업무에 사용한다고 해서 항상 빈틈없는 제품만을 선택할 필요는 없다. 클레르퐁텐의 독특한 종이 위에 평소 사용하는 겔 잉크 볼펜이나 만년필 잉크가 아름답게 퍼진다면 나름 새로운 자극이 될지도 모르겠다.

유럽에서 열렸던 전시회에서 어떤 담당자가 표지 디자인이 화려한 클레르퐁텐 노트를 사용하고 있었던 멋진 모습을 지금도 기억한다. 프랑스의 영감을 조금 받아 일에 몰두해 보는 것도 때로는 좋지 않을까 싶다.

## ☀ 라이프 '노블 노트'

라이프LIFE는 도쿄에 본사를 두고 종이 제품 제조와 도매를 하는 회사다. 제2차 세계대전이 끝난 후 은행이나 증권 사업을 시작하려는 업계의 관습에 대응하여 사제 어음이나 타자기 용지, CHIT BOOK [라이프사에서 작은 책, 메모용 노트라는 의미를 담아 만든 상품] 등 등급이 높은 종이 제품을 취급했던 것이 시작이었다고 한다. 봉투나 편지지의 라인업도 풍부하며 전국 소매점 어디서나 'LIFE'라는 네 글자를 볼 수 있다.

개인적으로는 예전부터 있었던 라이프의 기본 제품으로 매우 가는 10mm 모눈 괘선이 그려진 A4크기 리포트 패드 '라이프 퍼스트 클래스 페이퍼'를 강력히 추천하는 바이지만, 이 책에서는 최근에 등장하여 커다란 성과를 거둔 '노블 시리즈'

를 소개해 보고자 한다. 옅은 크림색 용지, 얇은 실 제본 노트를 여러 권 겹친 치밀한 제본, 그리고 표지에 배치된 클래식한 로고와 그래픽이 노블 노트의 특징이다. 표지에 사용된 빨간색 계열, 파란색 계열, 갈색 계열 각각의 용지와 검정 제본 테이프에서 풍기는 어딘지 모르게 정겹고 따뜻한 분위기가 많은 사람에게 사랑받는 이유다. 클레르퐁텐을 사용하는 경우와 마찬가지로 비록 업무용이라고 해도 독특한 제품을 써 보고 싶다는 마음이나 개성 넘치는 노트를 곁에 두고 싶다는 바람을 충족시키는 제품이다. 필기감을 중시한 용지, 튼튼한 제본 등 기능적으로도 뛰어나 사용자를 만족시켜 준다.

노블 노트와 같은 제본 노트는 업무와 관련한 여러 가지 내용을 마구 써 나갈 수 있는 기록용 노트, 이른바 업무 일지 노트로 적합하다. 누군가와의 만남, 협의 내용, 사소한 발견이나 미래 전망에 이르기까지 그때그때 떠오른 것을 남겨 놓을 수 있다. 속지를 갈아 끼울 수 없는 제본 노트는 순서대로 작성한다면 시간의 흐름과 페이지의 흐름이 일치하므로 "아, 그때 무슨 생각을 했었더라?" 하고 돌이켜 보기에 편리하다. "일기는 왠지 쑥스러워서 안 쓰지만, 날마다 뭔가 기록을 하기는 한다."라는 사람도 있다. 그런 사람에게 이와 같은 제본 노트는 사용하기 좋은 문구가 된다.

✺ 마루만 '섹션 크로키 S237'
앞에서 소개한 기능적인 비즈니스 노트 '니모시네'를 생산하는 제조사 마루만은 일본의 미술 용지 중 으뜸가는 메이커이기도 하다. 주력 제품인 도화지와 더불어 인기가 많은 것이 바로 크로키 용지다. 크로키란 연필이나 콩테(크레용의 일종) 등으로 재빠르게 때로는 대량으로 대상물을 모사하는 것을 가리킨다. 그런 목적에서 도화지보다 저렴한 종이를 쓰는 크로키북에는 얇은 용지가 채택되고 있다.

나는 모눈 괘선 중에서도 10mm 모눈을 좋아해서 늘 그런 종류의 제품을 찾는다. 모눈 괘선은 몰스킨이나 프랑스제 블록 메모 로디아가 일부 문구 마니아 사이에서 인기를 얻으면서 널리 알려지기 시작해 마침내 가로 괘선 다음으로 보편적인 괘선 종류가 되었다. 하지만 모눈 괘선의 대부분이 5mm 간격이다. 나도 5mm 모눈을 사용하는 경우가 많지만, 큼직큼직한 글자를 대충 쓸 때나 그림을 그릴 때 가이드로 삼기에는 10mm 모눈 쪽이 훨씬 편리하다. 10mm 모눈이 자아내는, 딱히 뭐라고 설명할 수 없는 '고요한 지면'의 분위기도 매력적이다.

이 10mm 모눈 괘선에 대한 동경심을 얇은 용지 위에 이루어 주는 것이 마루만의 '섹션 크로키 S237'로, 크로키 용지면서 모눈 괘선이 인쇄된 보기 드문 제품이다. 아마도 크로키를 할 때 구도를 익히는 용도인 것 같다.

내가 크로키 용지를 환영하는 이유는 용지가 매우 얇다 보니 노트 한 권의 중량이 가벼워서다. A4 크기 상당의 종이 60매에 표지를 포함해도 270g이다. 원래는 그림 도구지만 이 한 권을 어디든 가지고 다니며 업무 관련 아이디어를 짤 때나 업무상 협의를 하며 상대방에게 그림으로 설명할 때도 부담 없이 사용할 수 있다.

연필뿐 아니라 겔 잉크 볼펜이나 만년필 잉크도 문제없이 쓸 수 있다는 것도 장점이다. 용지 표면에 살짝 요철이 있어서 샤프펜슬로 글자를 쓸 때의 필기감도 좋다. 링으로 제본되어 뜯어낼 수 있는 절취선은 없지만, 스마트폰의 스캐너 앱을 사용하면 데이터 파일로 만드는 것도 문제없다.

나뿐만 아니라 이미 많은 사람이 크로키 노트를 일상의 노트로 사용하기 시작했다. 대학가 주변의 스타벅스에서는 소형 크로키 노트를 수첩 대신 사용하는 학생들을 꽤 볼 수 있다. 마루만의 크로키 노트에는 S237과 같은 흰색 크로키 용지 이외에도 따뜻한 느낌의 크림색 용지, 대나무 살을 나열한 듯 요철이 있는 고풍스러운 분위기의 앤티크 레이드 페이퍼Laid paper, 평행 괘선이 비쳐 보이는 종이 등 세 종류가 있으므로 취향에 따라 선택할 수 있다.

⁒ 츠바메 노트 주식회사 '츠바메 노트' '싱킹 파워 노트북'

츠바메 노트[일명 '제비 노트']는 문구에 조금이라도 관심이 있는 사람이라면 한 번쯤 들어 봤을 것이다. 도쿄 아키하바라에서 약간 동쪽에 위치한 아사쿠사바시에 츠바메 노트 주식회사의 본사가 있다. 그리고 본사 주변 상업지역의 장인들이 연대하여 츠바메 노트를 만들고 있다.

회색 모표지毛表紙, 가는 검정 섬유 조각이 박혀 있는 용지에 검정 제본 테이프. 보수적이면서 고급스러운 이미지의 대학 노트와 같은 겉모양. 지인이 예전부터 츠바메 노트를 애용하고 있어서 그의 추천으로 나는 예전에 출간한 책에 츠바메 노트의 장점을 '실로 제본한 노트의 스타트 라인'이라는 설명을 붙여 소개했다. 당시는 그 책을 계기로 츠바메 노트의 존재를 재인식하게 되었다는 바이어도 많았다.

그 후 또 다른 인연이 생겼다. 디자인을 배우는 대학생을 위한 노트를 만들려는 '싱킹 파워 프로젝트'의 제작 멤버 한 분이 내게 연락을 해 온 것이다. 프로젝트를 위해 노트를 만들려는데 그것을 츠바메 노트에 의뢰할 생각이라고 했다. 그러면서 내게 프로젝트 고문 중 한 사람으로 참여해 달라고 한 것이다.

츠바메 노트의 장점을 들자면 장인들이 손수 재단하고 실로 제본하여 마무리하는 공정에 있다. 제품 중에는 괘선마저도 오프셋 인쇄가 아닌 '선 긋기'라는 수작업으로 한 것도 있다. 용지는 예전부터 가슬가슬한 감촉이면서 만년필의 잉크를 확실하게 흡수하는 '풀스캡'을 채택하고 있으며, 대학 노트다운 노트의 존재가 드문 요즘 그런 점에 매력을 느끼는 사람도 많은 것 같다.

싱킹 파워 프로젝트에서는 츠바메 노트의 표준이라고 할 수 있는 회색 모표지나 제본 테이프 등의 기본은 그대로 살리되, 노트의 짧은 변을 제본하여 가로가 긴 형태로 사용하도록 했다. 괘선도 가로 괘선에서 5mm의 모눈 괘선으로 변경했다. 또, 용지에 점선을 넣어 떼어 낼 수 있게 하여 아이디어 스케치에 용이한 세련된 노트로 변신을 꾀했다. 그러곤 프로젝트 멤버인 니가타 지역의 기업 류도REUDO에서 싱킹 파워 노트Thinking Power Notebook라는 이름으로 판매를 시작했다. 이후 이 시리즈는 크기와 디자인에 차이를 주어 많은 종류를 생산하게 되었으며 인기 일러스트 작가 YOUCHAN이 작업한 귀여운 표지 일러스트도 호평을 받으면서 출시 9년째에 판매량 60만 권이 넘는 히트 상품이 되었다. 이 싱킹 파워 노트의 성공을 계기로 츠바메 노트와의 다양한 컬래버레이션 제품이 등장한다.

나는 이 싱킹 파워 노트 가운데 저니Journey라는 모델을 좋아한다. 제본 테이프를 사용하지 않아 대학 노트다운 맛은 없지만, 회색 모표지 전면에 경계 없이 그려진 YOUCHAN의 아름답고도 귀여운 그래픽이 독특한 개성을 뿜어낸다. 대학 노트다운 소재를 사용하고 있으면서 전혀 새로운 가치를 지닌 노트로 다시 태어났다. 노트는 소재나 디자인의 작은 차이로도 크게 달라질 수 있다는 점을 구체적으로 보여 준 사례다.

츠바메 노트의 풀스캡 용지는 최근 인기를 얻고 있는 극세 겔 잉크 볼펜의 필적도 아름답게 만들어 준다. 싱킹 파워 시리즈의 5mm 모눈 괘선의 기능과 저니의 디자인적 장점을 알고 나면 가뿐히 가방 안에 챙겨 거리로 나가고 싶어질 것이다.

이상으로 노트의 기본적인 부분과 선택 방법을 소개했다. 더불어 제조사에 관한 내용, 제본에 관한 내용, 종이에 관한 내용 등도 살펴보았다. 단순한 제품이라고 생각했던 노트에 대해서 이렇게 구체적이고 자세하게 파고드는 방식이 낯설거나 놀라운 사람도 있을 것이다.

최근에는 문구 제조사가 아니라 문구와 무관한 회사에서 나온 제품도 있고, 내지 종이와 표지 등 각 요소를 선택하여 만들 수 있는 맞춤 노트도 등장하는 등 새로운 노트가 속속 탄생하고 있다. 이렇게 새로운 노트에 대해서도 이번 장에서 다룬 내용이나 표현, 용어를 적용하여 생각해 보면 그것이 어떤 속성을 가졌는지, 나에게 이점이 있는 것인지를 냉정하게 판단할 수 있으리라 생각한다.

　부담 없는 마음으로 자신에게 꼭 맞는 노트를 사러 가 보자.

4

머리와 마음을

정리하는 수첩

# 디지털 시대에도 시들지 않는 수첩의 인기

이 장은 모두가 좋아하는 수첩, 흔히 다이어리라고 불리는 물건에 관한 이야기다. 신기하게도 내 주변에는 설령 문구와 관계없는 모임이라 해도 수첩에 관해서 물어보면 신나서 말을 꺼내는 사람이 많다. 수첩이라는 존재에는 우리의 기분을 고조시키는 뭔지 모를 요소가 있는 것 같다.

조금 냉정하게 분류하면 수첩은 노트의 특수한 형태라 말할 수 있다. 매우 거칠게 표현하자면 '노트에 날짜를 인쇄했을 뿐', 그것이 수첩이다. 그런데 비즈니스 관련 잡지에서는 매년 하반기의 시작에 수첩 특집을 기획하고, 수첩 관련 팬커뮤니티의 이벤트도 많아진다. 스마트폰이 널리 보급된 지금도 가을에 접어드는 때엔 문구 매장이나 서점에서 다양한 수첩이 가득 쌓여 활황을 누리는 모습을 볼 수 있다.

마치 남의 일인 양 말했지만 사실 나 역시도 수첩을 매우 좋아한다. 딱히 적을 거리도 없는 초등학생 때부터 주머니에 수첩을 넣고 다녔는데, 시스템 수첩이 일본에 등장하기 한참 전부터 파이롯트가 발매한 8공 리필 교체식 수첩을 가지고 다녔다. 지금 생각하면 당시 수첩은 내게 뭔가를 기록하는 것이라는 의미보다 휴대하는 데 의미를 둔 휴대첩(?)이었는지도 모르겠다. 실제로 수첩을 갖고만 있어도 안심이 된다는 사람이 의외로 많다. 어쩌면 부적과도 같은 역할을 담당하고 있는 건 아닐까 싶다.

요즘 대형 서점에 가 보면 수첩을 주제로 한 서적이나 무크지가 꽤 넓은 면적을 차지하고 있는 모습을 볼 수 있다. 단순한 사용 지침서가 아니라 수첩에 얽힌 여러 가지 사용 기술을 소개하고 있다. 스마트폰이나 태블릿 사용으로 종이를 가지고 다니지 않는 사람이 늘어난 한편 수첩 사용자 역시 여전히 많다는 사실을 실감하게 된다.

## 왜 수첩에 대한 관심이 높아졌을까?

몇 년 전 과거 30년에 걸친 전자기기와 종이 수첩과의 관계를 조사해 정리한 적이 있다. 그 결과를 통해 새로운 전자기기의 출현이나 흥망과 호응하기라도 하듯 종이 수첩의 활성도도 변하는 모습을 발견할 수 있었다.

이를테면 1980년대 후반의 경우 버블 시대의 호황이 한몫해서인지 고가의 시스템 수첩이 불티나게 팔렸다. 그 무렵은 개인용 워드프로세서 전용기기가 급속하게 발전했던 시기와도 겹치는데, 당시 유행했던 '지적 생산'이라는 키워드 아래 수첩과 워드프로세서 전용기기가 마치 수레의 양 바퀴 같은 역할을 하며 비즈니스 현장에서의 정보 관리를 지원했다. 그로부터 머지않아 샤프에서 만든 전자수첩 PA-8500이 등장해 큰 성공을 거두기도 했다. 하지만 경기가 악화되면서 시스템 수첩의 호황은 과거의 얘기가 되고 말았다.

고급 가죽 소재 수첩이 침체하는 한편으로 휴대 전자기기

분야에서는 PA-8500 이후에도 많은 회사에서 획기적인 상품을 발표한다. 휴렛팩커드의 HP 100LX/200LX, 애플의 뉴턴 메시지 패드Newton Message Pad, 유에스 로보틱스US Robotics의 팜 파일럿PalmPilot, 핸드스프링Handspring의 바이저Visor, 소니의 클리에Clie 등이 있다. 이들 제품은 각각 어떠한 형태로든 네트워크에 접속하기 때문에 '휴대 단말'이라는 명칭이 붙었다. 당시의 상황을 아는 사람들은 이들 일련의 제품명을 듣기만 해도 휴대 단말의 황금시대와 취급의 어려움 등 여러 가지를 떠올리며 무심코 먼 곳을 응시할지도 모르겠다. 그런데 이들 제품 모두 등장한 몇 년 뒤에 종언을 맞이한다. 그런 상황에서 휴대 단말의 지위를 대신하려 했던 게 바로 종이 소재, 그것도 속지를 갈아 끼울 수 없는 '제본 수첩'이었다.

그중에서도 인기가 많았던 것이 프랑스제 다이어리 쿠오바디스Quo Vadis다. 쿠오바디스가 주무기로 삼고 있는 버티컬형(시간 축을 세로로 관리하는 타입) 모델이 날개 돋친 듯 팔렸는데, 버티컬형은 좌우로 펼치면 일주일을 한눈에 볼 수 있는 지면이 특징인 묵직하고 큼직한 모델이다.

아직도 종종 '왜 하필 제본 수첩이었을까' 생각해 보곤 한다. 1990년대의 휴대형 전자기기들은 아무리 멋지다 한들, 또 그런 종류의 제품을 좋아하는 마니아층으로부터 많은 지지를 받았다 한들 일반인에게는 일상적으로 사용할 만큼 합리적인 가격이 아니었으며, 기종을 변경하면 이전 기종의 데이터를 더는 사용할 수 없는 문제도 있었다. 또 2000년쯤부터는 휴대전화가 급속하게 보급되면서 많은 사람들이 자연스레 휴대전화와 종이 수첩의 조합에 정착하게 되었다는 추리도 가능하다.

2002년 전후로 쿠오바디스의 인기는 한층 더 높아진다. 이러한 움직임과 보조를 맞추기라도 하듯 시스템 수첩도 서서히 부활하기 시작했고, 그 밖에 몰스킨 다이어리나 호보니치 수첩 등 다양한 제본 수첩이 잇따라 인기를 끌기 시작한다. 이러한 수첩의 번성은 필기구나 노트 등을 포함한 문구 전반에도 영향을 미쳤다.

에이출판사가 2004년부터 2005년까지 『취미의 문구 상자』를 비롯한 3권의 문구 관련 무크지를 창간했고, 광고대행사 하쿠호도에서는 트렌드 리포트 성격의 잡지 『광고』를 통해 문구 특집을 기획하는 등의 움직임도 있었다.

2008년에는 획기적인 휴대전화, 이른바 스마트폰인 애플의 아이폰 3G가 일본에서 발매된다. 그러나 오랜 역사 속에서 문구 사회의 시민권을 획득한 종이 수첩의 지위는 흔들리지 않았다. 한때 종이가 스마트폰에 밀려날 것이라던 우려도 지금은 거의 사라지고 있다.

그 후에도 전자기기가 계속 진화하고 우리 일상에 침투할수록 필기구나 종이와 같은 아날로그 아이템에 대한 사람들의 관심은 오히려 높아져 만년필도 고가의 가죽 수첩도 끊이지 않고 신제품이 등장하고 있다. 이는 일본에만 한정된 현상이 아니고 미국이나 유럽 등 해외에서도 비슷한 상황이다.

이렇게 30년 정도를 대충 돌이켜 보니 현대인의 수첩 사랑은 아무래도 진심인 것 같다. 앞으로도 결코 쇠퇴하는 일은 없을 수첩에 관한 이야기, 이제부터 진행해 보겠다.

# 수첩은 하드와 소프트로 이루어져 있다

수첩에 대해서 가장 먼저 생각해야 할 점은 무엇일까? 답은 간단하다. '무엇을 살 것이냐?'다. 한 가지를 정하면 1년간 쭉 사용해야 하므로 계절마다 새로 구매하는 옷만큼 진지하게 생각했으면 한다.

이에 대해 설명하자고 들면 책 한 권으로는 부족할 정도로 전달하고 싶은 내용이 많을 뿐 아니라 여러분과 함께 매장을 직접 방문하고 싶은 심정이다. 그래서 이 책에서는 업무에 사용하는 것으로 범위를 좁히고, 또 지금까지 수첩에 별 흥미가 없었던 사람을 대상으로 범위를 좁혀 기본적인 부분을 설명해 나가고자 한다. 이미 수첩과 친숙한 사람들은 초심으로 돌아간다는 마음으로 읽어 주면 좋겠다.

이 장의 초반에 '수첩이란 노트에 날짜를 인쇄했을 뿐'이라는 거친 표현을 썼다. 물론 틀린 얘기는 아니지만 실제로 판매되는 수첩에는 사용자를 고려한 여러 가지 생각이 더해져 있다. 구체적으로는 먼슬리나 위클리 부분의 틀이나 배치, 스케줄 이외의 페이지들을 각각 얼마만큼의 분량으로 배치할 것이냐 하는 '지면 구성'에 대한 배려가 있다. 또 사용자가 자주 놓치는 사항이나 생활에서 상기해야 하는 사항을 환기하여 그것을 글로 쓰게 하는 '어드바이스적인 측면'을 담는 등의 일을 들 수 있다.

나는 제3장에서 '노트의 3요소는 크기와 제본 방법과 종이 종류'라고 설명했는데, 이것은 주로 하드웨어적인 분류라고 할 수 있다. 한편, 수첩에는 지면 디자인이나 기재 항목 등을 고안하여 사용자를 제품 각각의 적절한 사용법으로 이끄는 소프트웨어적인 요소가 다분히 더해져 있다.

그러므로 자기만의 첫 수첩을 찾고자 한다면 노트의 3요소로 제시된 하드웨어적인 부분과 소프트웨어적으로 제공되는 부분, 두 가지로 나누어 생각해 보면 지금 판매되고 있는 각 제품의 차이나 특징을 알아차릴 수 있을 것이다. 가령 최대한 단순한 수첩을 원한다면 수첩이 제공하는 소프트웨어적 요소 중 무엇이 필요 없는지를 따져 보자. 그러면 빠르게 판단할 수 있을 것이다. 상품의 겉모양에 현혹되지 않고 선택하려면 판단을 위한 기준점을 거기에 두는 것이 포인트다.

수첩의 소프트웨어적 요소는 매우 중요하다. 이를테면 매일의 스케줄 칸 밑에 작은 노트 칸을 마련하여 일정이 없는 날이라도 뭔가를 기록할 수 있게 하면 사용자가 수첩을 매일같이 열어 보는 습관을 기를 수 있다. 이처럼 수첩과 사용자의 관계를 파악하는 데도 소프트웨어적인 요소는 효과적으로 작용한다.

가을 무렵부터 해가 바뀌는 신년 초까지 문구 매장에는 수많은 수첩들이 진열된다. 구경하는 일이 즐거우면서도 뭘 고르면 좋을지 망설여진다. 그때 수첩에는 하드웨어적인 부분과 소프트웨어적인 부분이 있다는 사실을 떠올리고 면밀히 살펴보면 자신에게 맞는 제품을 차분하게 고를 수 있을 것이다.

## 자신의 사용량을 파악하여 적당한 수첩을 고른다

여기서 수첩의 기본에 대해서 살펴보기로 하겠다. 왜 수첩에는 날짜가 인쇄되어 있을까? 그 이유는 수첩의 주요한 기능인 '스케줄러'와 '다이어리'의 기능을 실현하기 위해서다.

스케줄러란 사회인에겐 업무 일정표에 해당한다. 회의나 미팅, 출장 일정, 행사 개최나 기념일 등 앞으로 해야 할 일을 기재한다. 타임 스케일을 크게 잡아 중기에서 장기에 걸친 프로젝트 일정을 기재하는 경우도 있다. 한편, 다이어리는 업무 일지와 같은 의미를 지닌다. 회의록이나 고객과의 약속, 불쑥 떠오른 아이디어를 적어 둘 수도 있다.

수첩을 고를 때는 스케줄러와 다이어리 각각에 대해서 사용자가 예상하는 기재 분량이 많을지 적을지가 주요 결정 요인이 된다. 수첩에는 좌우 양면으로 한 달을 파악할 수 있는 '먼슬리'와 좌우 양면으로 일주일을 나타내는 '위클리', 좌우 양면에 하루나 이틀간의 내용을 기록하는 '데일리'가 있다. 당연히 수첩의 총 페이지 수는 후자로 갈수록 많아진다. 만일 업무 일지는 아예 기록하지 않는다거나 별도의 노트를 사용한다면 먼슬리나 위클리로 충분하다. 반대로 매일 일정량의 정보를 기재하고자 하는 경우는 데일리가 선택지에 들어간다.

업무 용도에서는 살짝 벗어나지만, 최근 들어 데일리 타입 수첩에 공들여 그림을 그려 넣거나 글귀를 적어서 블로그나 SNS에 공유하는 사람들이 늘고 있다. 영화 티켓이나 사진, 귀여운 스티커 등을 붙여서 꾸민 사례도 볼 수 있다. 이것은 수첩이라기 보다 '그림일기장'이라고 부를 수 있는 것으로 사용법으로 분류하면 스크랩북 만들기Scrapbooking에 가까운 영역이다. 적지 않은 사람들이 SNS에 올라오는 이러한 수첩 풍경을 동경하여 데일리 타입의 수첩을 구매하는데, 원래 일기를 잘 안 쓰던 사람에게는 대량의 페이지가 부담으로 다가오기 쉽다.

또한 매일같이 빼놓지 않고 그림 등을 그려 넣으려면 적잖은 시간을 들여야 한다. 이름은 수첩이지만 그것을 가지고 노는 사람들의 사용법은 마치 그림일기와 비슷한 경우도 많으므로 '다이어리'에 해당하는 부분이 자신에게 얼마나 필요한지를 냉정하게 검토해 보자.

만일 온통 공백인 상태가 될 것 같다면 수첩은 먼슬리나 위클리로 바꾸고, 수첩 외에 보통의 노트를 한 권 같이 쓰면 해결된다. 날짜에 구애되지 말고 자신의 페이스대로 정보나 그림을 노트에 적거나 그려 보자.

나는 다이어리에 해당하는 내용은 수첩이 아닌 다른 노트에 쓰거나 컴퓨터를 사용하므로 스케줄러만 있으면 충분하다. 지금도 페이지 수가 적은 최소 크기의 먼슬리 수첩을 사용하고 있다.

# 수첩과 노트를 조합한다

이제부터는 수첩 안에서 스케줄러와 다이어리를 뺀 정보 항목에 대해서 생각해 보자.

+ 주소록
+ 연락처
+ ToDo 리스트(할 일의 항목)
+ 리마인더(잊어서는 안 되는 사항)
+ 프로젝트 일정표(업무 일정표)
+ 여러 가지 메모, 기록

먼저 주소록이나 연락처는 기본적으로 스마트폰 안에 담을 수 있다(Google Drive나 iCloud 등 클라우드 서비스 상에 두는 것도 포함함). 냉정하게 생각하면 과거에는 수첩에 기록하는 가장 중요한 항목이 바로 주소록과 연락처였는데, 그런 요소들이 이제 수첩 밖으로 나오게 되었으니 대단한 일이 아닐 수 없다.

요즘에는 ToDo 리스트가 우선 항목이다. 다이어리가 데일리 타입이라면 그날그날 발생하는 할 일을 그날의 칸에 적어 넣는다. 다만 하루 ToDo 메모량이 많은 사람의 경우 ToDo만을 정리해 놓는 페이지를 따로 마련하지 않으면 지면이 부족할 것이다. 시스템 수첩이라면 전용 리필 용지를 세팅하면 해결되는데, 제본 수첩이라면 ToDo 전용 메모장을 별도로 준비해야 할지도 모른다.

그런데 ToDo 리스트를 수첩 안에 쓰면 겉에서 보이지 않는 상태가 되므로 주목도가 떨어지고, 가끔은 그날 할 일을 제대로 완수하기 어렵다는 얘기를 종종 듣는다. 여담이지만 나의 이야기를 해 보자면, 나도 시스템 수첩을 사용하던 당시에는 직접 디자인한 전용 ToDo 리필 용지까지 준비해 썼었다. 그런데 매일의 ToDo 건수가 많다 보니 한두 건의 ToDo가 남아 있는 종이가 늘어나 수습이 곤란해졌다. 그러다가 프랑스제 로디아 블록 메모에 ToDo 리스트를 적기 시작했더니 리스트를 적는 것도 소화하는 것도 간편해졌다. 로디아는 5mm의 모눈 괘선이 인쇄된 노트로 ToDo 리스트를 기재하기에 적합하다. 또, 다 사용한 페이지는 점선을 따라 깔끔하게 뜯어낼 수 있어서 나의 사용법에 딱 맞았다.

ToDo의 성격과 비슷하지만 조금 다른 '리마인더'의 경우는 어떨까? 여러 가지 설이 있는데 리마인더는 '일정한 기한 안에 끝내고 싶은 용건'이라는 의미를 갖는 정보다. ToDo가 '가능한 한 빨리 해결하고 싶은 용건'이라면 리마인더는 다소 느슨한 ToDo라고도 할 수 있다. 즉 리마인더에는 목표 기일이 붙어 있는 경우가 많으므로 스케줄러를 갖춘 수첩에 기재되어야 할 내용이라고 볼 수 있다.

ToDo도 리마인더도 중요한 정보임에는 틀림이 없다. 앞서 서술한 바와 같이 ToDo를 다른 노트로 옮기고 리마인더만 수첩 안에 쓴다면 움직임이 많은 ToDo에 리마인더가 가려지는 일도 방지할 수 있다.

프로젝트 일정표(업무 일정표)는 때로는 연간 단위에 이르는 경우도 있는데 그렇게 되면 표준 스케줄러로는 수첩에 다 들어가지 않는다. 이 경우는 별도의 용지를 사용한다. 시스템 수첩이라면 오리지널 리필 용지를 끼워 넣고, 제본 수첩이라면 그 용지를 붙여 놓는 식이다.

마지막으로 메모나 기록의 경우는 사용하는 사람에 따라 발생하는 글자량과 정보량에 큰 차이가 있으므로 일률적으로 말할 수는 없다. 기록하는 내용이 날짜와 시간 정보가 결합된 형태라면 수첩에 적는 것이 좋고, 기록해야 하는 정보의 양이 많고 또 그 정보가 수첩 이외의 장소에서 확실하게 재이용될 가능성이 있다면 별도의 노트나 컴퓨터에 쓰는 것이 좋을 수도 있다.

그럼 이번에는 수첩과 함께 노트나 메모장을 병용하는 사용법에 관해서 설명해 보겠다. 사실 수첩이나 노트를 동시에 여러 개 사용하는 방법은 앞서 소개한 『문구를 즐겁게 사용하기—노트와 수첩 편—』이나 에이출판사의 무크지 『탁상 공간』의 수첩 특집 기고를 통해서 제안했던 내용으로, 그렇게 사용하는 사람들을 가리켜 '다多 노트파'라는 표현을 쓰기도 했었다.

비록 이 호칭 자체는 널리 퍼지지 않았지만, 정보 관리 차원에서 수첩이나 노트를 여러 개 구성해서 대처하는 방법은 후에 여러 방면으로 퍼져 비즈니스 잡지 등에서도 '수첩이나 노트를 구축한다'는 식의 표현이 일반적으로 쓰이게 되었다.

"나는 수첩(노트)을 한 권만 사용한다. 여러 개는 너무 번거로울 것 같다."라고 생각하는 사람도 있을 것이다. 하지만 다 노트파라는 개념에 대한 최신 정의를 보자. 스마트폰이나 태블릿, 노트북 컴퓨터도 데이터가 저장된 일종의 노트에 포함된다고 할 수 있으므로 이미 웬만한 사람들은 다 노트파인 셈이다. 이러한 점을 분명하게 인식하여 다 노트 사용을 습관화하면 어떨까?

수첩

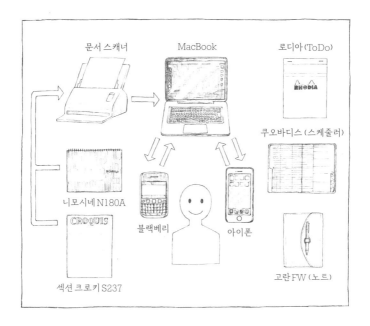

위 일러스트는 나의 수첩&노트 구성도다. 이제 중심은 수첩이 아니라 맥북이 차지하고 있고, 그 하위 단계를 아이폰과 블랙베리가 차지하고 있다. 주소록과 다이어리는 컴퓨터를 이용하며 ToDo 리스트는 5mm 모눈 블록 메모(로디아)를 이용한다. 스케줄러와 리마인더는 종이 매체에 고정해 두고 확인하는 것이 좋으므로 쿠오바디스의 얇은 다이어리(플레인)를 이용하고, 업무 기획이나 아이디어 구상과 관련해서 구체적으로 쓰고 싶을 때는 A4 노트(니모시네 N180A), 대략적으로 쓰고 싶을 때는 A4 크기에 10mm 모눈 괘선이 들어간 크로키 노트(섹션 크로키 S237)를 이용한다. 종이에 그것도 약간 형식을 갖춰서 작성하고자 할 때는 A5 크기의 실 제본 노트를 이용한다. 이 노트는 거래처와 미팅할 때 사용해도 그럴듯해 보이도록 가죽 소재 노트 커버(도쿄 고네코 상회의 '고란 FW')를 씌운다.

대충 봐도 총 8권 정도의 '노트'가 되는데, 모두 알맞은 이유와 필요에 의해 조합했으므로 원활하게 운용할 수 있다. 이들 구성은 시간의 경과와 더불어 항상 변화한다. "새로운 방법의 편리성을 알았으니 당장 도입해 보자."라는 식으로 유연하게 구성을 바꿀 수 있다는 점이 이 방식의 장점이다.

여러분도 컴퓨터와 스마트폰을 포함하면 이미 두세 권의 노트 구성으로 살고 있는 셈이다. 꼭 한번 자신의 수첩&노트 구성을 살펴보고 보완해 보기 바란다.

## 신뢰도가 높은 베이식 수첩의 이것저것

이제 지금까지 소개한 내용을 바탕으로 실제 수첩을 살펴보기로 하자.

## ⁂ 노르티 '6211 노르티 능률 수첩 A5'

노르티NOLTY는 '능률 수첩'이라는 이름으로 사랑받아 온 비즈니스용 수첩의 대표 브랜드다. 노르티에는 수많은 품종이 있고 모델에 따라 크기나 용지 구성 방식도 다양하다.

노르티의 역사 깊은 구성 방식을 지닌 모델은 상품번호 6211이다. 연간 일정표와 월간 일정표에서 시작해 메인이 되는 주간 일정표로 이어진다. 페이지를 펼쳤을 때 좌측은 능률 수첩에서 익숙한 주간 일정표, 우측은 자유롭게 기재할 수 있는 가로 괘선 노트로 되어 있다. 6211은 책상에 두고 사용할 것을 상정한 큼직한 크기이므로 이것 한 권이면 여러 정보를 받아 쓰기에 충분하다. 이 밖에도 더욱 능률 수첩에 가까운 소형 사이즈나 포켓 사이즈의 종류도 많다. 노르티는 업무 수첩이 필요할 때 맨 먼저 살펴보면 좋은 시리즈다.

## ⁂ 쿠오바디스 '이그제큐티브'

쿠오바디스QUOVADIS는 프랑스의 수첩 브랜드다. 대표적인 구성 방식은 좌우 양면에 걸쳐 일주일이 가로 일렬로 나열되어 있고 세로 방향은 시간 축을 나타내는 이른바 버티컬형이다. '버티컬형이라고 하면 누가 뭐래도 쿠오바디스'라는 느낌이다. 이 구성 방식과 페이지 주변 기재 칸이나 각종 표기 일체를 통틀어 어젠다 플래닝 다이어리Agenda Planning Diary라는 이름(등록상표)이 붙어 있다. 버티컬형은 누구나 익숙한 달력에서 일주일만 오려 내어 좌우 양면에 펼친 듯한 모양으로 월간과 주간의 연계를 감각적으로 파악하기 쉽다는 장점이 있다.

시리즈 명 이그제큐티브Executive는 가로세로 16cm의 정방형으로 쿠오바디스 중에서 톱클래스의 인기 모델이다. 가로폭에 많은 글자를 써넣기 편리하면서 세로의 치수가 높지 않아 그만큼 중량을 줄일 수 있다는 이점이 있다. 스케줄러의 분량이 많아서 약속이 많은 사람에게도 편리할 것이다. 용지 색상은 잉크 색깔이 또렷하게 드러나는 흰색 계열과 차분한 느낌의 크림색 계열이 준비되어 있다.

쿠오바디스의 인기 모델 '이그제큐티브'. 사람마다 수첩 사용법이
각기 다르기 마련이다. 주변을 참고하여 사용자
자신이 가장 좋아하는 제품을 골라 소중히 사용하면 된다.

☀ 미도리 'MD 노트 다이어리 A5'
디자인필DESIGNPHIL의 브랜드 '미도리'의 인기 다이어리로, 자사에서 개발한 고품질 필기 용지인 MD 용지를 채택하여 정밀도가 높은 실 제본 후 보강용 접착제와 화지(일본식 종이), 그리고 제본용 테이프의 일종인 한랭사[면직물의 하나로 가는 실을 평직으로 짜서 풀을 세게 먹인 것]로 마무리했다. 얼핏 보기에는 표지 없이 노트의 소재 부분이 그대로 드러난 듯한 미니멀한 외관이 특징이다. 비즈니스와는 약간 거리가 멀어 보이는 외관일 수도 있겠으나 다이어리의 디자인적 가능성을 보여 주는 제품이며 내추럴한 분위기를 좋아하는 사람에게 흥미를 불러일으킬 모델이라고 생각한다.

이 제품이 가진 또 한 가지 장점은 용지 형식이다. 좌우 양면에 걸쳐 1개월을 나타낸 달력은 직접 그린 듯 친근하다. 달력 주위에는 일정뿐 아니라 마음 내키는 대로 일러스트나 도표를 그릴 수도 있게 충분한 여백이 마련되어 있다. 자유도가 매우 높은 지면 구성이다. 페이지도 180도 가까이 평평하게 펼칠 수 있어서 글쓰기가 편하다. 먼슬리 다이어리 다음에는 날짜는 인쇄되지 않았으나 좌우 양면을 1주간의 다이어리로 사용할 수 있는 8분할 가로 괘선 속지가 1년 분량으로 마련되어 있으며, 그다음에는 무지 속지가 갖춰져 있다. 모든 것이 단순하면서도 기본에 충실하다. 한 번쯤 사용해 봤으면 하는 모델이다.

## ※ 녹스브레인 '피어스'

녹스브레인Knox Brain은 미도리 시리즈와 마찬가지로 디자인필에서 만드는 가죽 수첩&가죽 소품 브랜드다. 여기서는 시리즈의 하나인 피어스PEARCE의 시스템 수첩을 소개해 보겠다.

시스템 수첩에는 국내외 많은 브랜드가 있지만 꼼꼼한 만듦새, 오래 애용할 수 있는 스타일, 적당한 가격의 균형을 생각하면 녹스브레인도 상당히 추천할 만하다. 녹스브레인이라는 이름을 들으면 나는 슬림한 시스템 수첩을 떠올린다. 피어스의 바이블 사이즈와 A5 규격에는 시스템 수첩의 제본 링 중에서는 작은 지름에 속하는 16mm 링이 사용되고 있다. 지름 16mm의 링이라 수용할 수 있는 용지의 매수가 제한되는데, 비즈니스적인 외관을 갖추었으면서도 다소 가벼운 중량의 제품을 원하는 경우에 적합하지 않을까 싶다. 주소록이나 스케줄러 기능은 가능한 한 스마트폰에 맡기고 직접 만든 속지를 채워 넣거나 노트 기능을 중시해서 사용하는 방법을 생각해볼 수 있다.

수첩은 같은 상표라도 크기 차이, 커버의 색깔이나 소재 차이, 먼슬리, 위클리, 데일리와 같은 지면 구성의 차이 등에 따라 여러 가지 상품군이 존재한다. 또한, 종류가 많을 뿐 아니라 계절 상품이기도 해서 모델에 따라서는 여러분 주변의 매장에서 구비해 놓지 않는 경우도 있을 것이다. 그러니 원하는 제품이 있다면 먼저 제조사나 시리즈 명칭으로 브랜드 공식 사이트에서 검색하여 모델명이나 상품번호 등 상세 정보를 확인한 후 구매하기를 바란다.

## 스마트폰이 있으면 수첩은 필요 없을까?

TV 광고나 지면 광고 등에 등장하는 직장인들은 흔히 시스템 수첩을 손에 들고 있다. 대체로 값비싸 보이는 가죽 표지의 수첩이다. 업무용 수첩은 꼭 이렇게 고급스러운 가죽 수첩이어야 하는 것일까? 이 질문에 대한 내 대답은 절반은 NO, 절반은 YES다.

상대방을 압도하기 위한 이른바 파워게임의 일환으로 거래처로부터 신뢰감을 얻고자 일류 브랜드의 가방이나 손목시계, 수첩 등으로 중무장하는 방식은 과거의 유물처럼 느껴진다. 지금은 사무실 책상 앞에 앉아서는 컴퓨터를 사용하는 게 일반적이고 회의 때나 거래처를 돌 때는 스마트폰이나 태블릿을 휴대하는 게 당연해지고 있다. 여기에 그룹웨어(업무 지원 시스템)나 팀 커뮤니케이션 툴(업무를 공유하는 멤버 간의 연락 도구) 등이 한 세트로 사용되는 경우도 많아 수첩을 중요하게 여기지 않는 직장인이 증가하고 있다. 확실하게 필요가 없다면 이미 태블릿이나 휴대용 배터리 등이 들어 있는 가방의 무게를 더 늘리지 않기 위해서라도 거창한 시스템 수첩을 무리하게 가지고 다닐 필요는 없다.

만일 고객 앞에서 태블릿에 메모하는 것이 무례한 인상을 주지는 않을까 걱정이라면 얇은 노트에 품질이 좋고 가벼운 가죽 소재 커버를 씌워서 가지고 다니는 것도 한 가지 방법이다. 취미의 차원이라면 "종류는 다양합니다. 자신이 좋아하는 취향에 따라 사용하면 됩니다."로 문제없겠지만, 업무용에서라면 그럴 수만도 없다. 업무의 적절한 수행에서부터 비즈니스 매너, 자신의 건강과도 직결된 가방 무게까지 고려해야 한다. 양질의 제품으로 품위를 유지하면서도 정말로 필요한 것이 뭔지를 따져 보면 좋겠다.

그런데 수첩, 특히 시스템 수첩을 사용하는 행위 그 자체가 일에 대한 동기 부여가 된다고 말하는 사람도 있다. 이것은 업무상의 기능성이나 효율성과는 다른 관점에서 생각할 필요가 있다. 만년필의 경우와도 비슷하다. 나도 만년필에 관심이 많고 좋아하지만 가지고 다니는 것은 피한다. 언제 잉크가 샐지 알수 없기 때문이다. 그렇다고 해서 휴대하는 사람을 부정할 수는 없다. 일과 마음은 끊으려야 끊을 수 없는 관계이며 논리적으로 설명할 수 없는 부분이 많기 때문이다.

나 역시도 이 책을 쓰면서 조용하고 쾌적한 내 사무실을 놔두고 굳이 근처의 소란스러운 카페를 찾아가곤 했는데, 그곳에서 오히려 글이 더 잘 써졌다. 우리 모두의 일을 포함해 창조라는 영역은 합리적으로 설명되지 않는 여러 가지 요인에 의해 좌우되는 법이다.

비즈니스계 웹사이트나 문구 관련 잡지를 보다 보면 고급스러운 가죽 수첩이나 한정판 만년필 등의 이미지가 나를 가지라며 유혹의 눈짓을 보낸다. 고급 수첩이나 만년필은 값비싸서 팔리는 만큼 제조사나 판매점을 윤택하게 하므로 광고를 전면에 내건다. 그런 사정까지 살피며 이런 즐거움에 굳이 빠질 것인지 거부할 것인지는 여러분의 흥미와 관심에 달렸다.

# 유서 깊은 인기를 자랑하는 시스템 수첩

시스템 수첩은 바인딩 금구(링 부분)가 개폐식으로 되어 있어서 속지를 자유자재로 갈아 끼울 수 있는 다이어리를 가리키는 말이다. 대부분은 가죽 커버이며 가격은 저렴하면 1만 엔 정도, 비싸면 5만 엔에서 10만 엔, 혹은 그 이상의 것도 있다.

경기가 좋아서 시스템 수첩이 불티나게 팔렸던 1980년대에 비하면 상당히 잠잠해졌지만, 열정적인 애용자가 지금도 꽤 많다. 20대 후반~30대 정도의 여성에게는 어린 시절 애용했던 스티커 사진 수첩이 시스템 수첩의 규격이었으므로 지금도 가죽 소재 시스템 수첩을 거부감 없이 사용한다는 얘기를 종종 듣는다.

시스템 수첩의 장점은 속지를 고를 수 있어서 자신이 좋아하는 사양으로 꾸밀 수 있다는 점이다. 종이 질도 괘선 종류도 다양하고 카드 케이스, 펜 케이스와 같은 리필제품도 있다. 또 컴퓨터와 앱을 사용해 자신만의 속지를 디자인하거나 혹은 다운로드할 수도 있다. 이런 자유도는 다른 수첩에서는 얻을 수 없는 것이다. 또, 가죽 커버 제품인 경우는 튼튼한 외관이 업무용으로도 안성맞춤이다.

이러한 기능적인 측면 말고도 업무적으로 만나는 고객에게 좋은 인상을 주기 위해 시스템 수첩을 사용한다는 사람도 적지 않다. 앞쪽에서 서술한 바와 같이 비교적 무겁다는 단점은 있지만, 시스템 수첩이 특히 업무에서 효력을 발휘하는 순간은 분명히 있을 것이다.

나도 시스템 수첩에 푹 빠졌던 과거가 있다. 고등학생부터 대학생 시절, 그리고 회사에 다니던 기간까지 내 손에는 늘 바이블 사이즈의 시스템 수첩이 있었다. 당시는 정말이지 이렇게까지 수첩을 꾸며서 뭘 하나 싶을 정도로 상당히 꼼꼼하게 사용했다. 오랜 경험에 따른 조언 한마디라도 해주고 싶은 마음이지만, 왠지 내게는 실패의 기억이 많아 도움이 될 만한 얘기를 할 수가 없다. 결국 나는 시스템 수첩을 제대로 활용하지 못했던 것 같다.

바이블 사이즈는 대략 95×170mm의 용지 크기를 가리키는 것으로 시스템 수첩에서는 주류를 이루는 규격이다. 휴대성을 생각하면 적당한 크기이지만 가로 길이 95mm에 거기서 제본 부분을 빼면 쓸 수 있는 폭이 상당히 제한적이다. 휴대전화가 없던 시절에는 가로 길이가 그다지 길지 않아도 되는 주소록이나 음식점 정보와 같은 소규모 데이터가 주였으므로 딱히 상관이 없었는데, 이제 이런 정보들은 대부분 전자기기로 옮겨갔다.

나도 최근 15년 정도 업무 아이디어나 계획 등은 큰 종이에 큼지막한 글자로 쓰기 시작하면서 좁고 긴 형태의 용지와는 멀어지게 되었다. 그러다 보니 지금은 바이블 사이즈의 수첩에 손글씨를 쓰는 것도 부담스럽고, 독자적인 리필 속지를 프린터로 인쇄해서 끼워 넣는 작업도 제법 부담스럽다(물론 가죽 수첩을 좋아해서 가지고 있긴 하지만).

시스템 수첩에는 바이블 사이즈 이외에 A5 규격도 있다. 바이블 사이즈와 비교하면 제품 종류도 판매 수량도 적지만, 필기하거나 직접 만든 속지를 끼워 넣거나 할 때의 스트레스도 적다. 고객과의 자리에서 시원시원 메모하는 데도 큼직한 종이는 편리하다. 단점은 용지와 커버를 합친 무게가 바이블 사이즈보다 무겁다는 점인데 주로 자가 차량을 이용해 움직이는 사람에게는 별문제 없다. 혹시 무게가 신경 쓰인다면 A5라도 가벼운 커버, 얇은 사양의 제품을 사용하면 된다.

## 수첩을 오래오래 사용하려면

스마트폰이 널리 보급된 지금도 종이 수첩이 사용되고 있는 이유는 뭘까? 내가 생각하는 이유는 이렇다. 사람에게는 정보를 패턴으로 인식하려는 욕구가 있기 때문이라고 생각한다. 혹은 그것이 특기일지도 모르겠다. 스마트폰이나 태블릿의 스케줄러를 열면 연, 월, 일 배열을 다채롭게 바꿔 표시해 주고 필요에 따라 확대 축소도 가능하다. 하지만 그처럼 자유자재로 변환되는 표시 기능이 오히려 단점이 되어 그 어떤 화면도 사용자의 마음속에 고유 패턴으로 자리 잡기가 어렵다.

그런데 종이 스케줄러는 하나하나 서로 다른 손글씨의 배열에서부터 페이지 전체의 분량까지 수시로 전망할 수 있다. 매달의 일정 현황도 종이라면 직감적으로 파악할 수 있다. 종이라서 가능한 것, 종이 상태로 두고 싶은 것을 항상 생각하면서 수첩의 장점을 적극적으로 활용했으면 좋겠다.

수첩을 더욱 기분 좋게 그리고 편리하게 사용하려면 어떻게 하면 좋을까? 나라면 한 발짝 뒤로 물러나 수첩과 느긋하게 교제할 것이다. 업무에서 사용하는 경우 필요 이상으로 깔끔하게 쓸 필요는 없으며 나중에 다시 이용할 가능성이 적은 정보까지 꼼꼼하게 적을 필요도 없다.

때때로 수첩을 정리하는 일에 너무 집착하여 하루에 얼마 되지 않는 귀중한 시간을 허비해버리는 사람도 종종 보게 되는데, 수첩은 남에게 보여 주기 위한 것이 아니다. 단지 보기 좋게 정리하는 것은 업무 성과와 직접적인 관계가 있는 것은 아니라고 마음에 새겨 둬야 할 것이다.

좋은 아이템을 골라 사용하기 시작했다면 그다음부터는 어느 정도 거리감을 두고 수첩과 관계를 맺어 나가는 것이 오래오래 사용할 수 있는 비결이 아닐까.

# 5

세계를 바꾸는

붙임쪽지

# 획기적인 문구 '포스트잇'

노트나 수첩에 붙이는 작은 종잇조각인 '붙임쪽지'는 지금은 누구나가 사용하는 당연한 문구가 되었다. 굳이 이런 설명을 하는 이유는 내가 중고생이었던 시절에는 붙임쪽지라는 용어가 그다지 친숙하지 않았기 때문이다.

물론 당시에도 붙임쪽지는 존재했으며 관공서나 일부 직종에서는 사용되고 있었다. 하지만 때때로 그것은 특정 상품군을 가리키는 것이 아닌 종이의 사용법을 나타내는 표현으로 쓰이기도 했다. 그런데 1980년 세상을 향해 "이것은 붙임쪽지다."라고 새삼 정의를 내린, 게다가 세계 문구의 흐름마저 바꾼 획기적인 제품이 출시된다. 여러분도 다 아시는 '포스트잇'이 바로 그것이다.

포스트잇은 미국의 화학·전기계 재료를 다루는 대기업 3M의 상표다. 3M이라고 하면 Scotch 브랜드의 각종 점착테이프가 유명한데, 이는 3M이 생산하는 제품 중 일부로 실제로는 자동차나 전기제품, 의료 등 공업제품의 제조나 전문가가 일하는 현장과 관련된 다양한 접착제, 화학용품, 자재, 소재를 세계 곳곳에 공급하고 있다.

붙이면 그럭저럭 점착력이 있다. 그런데 깔끔하게 떼어 낼 수도 있다. 이 절묘한 '점착제'가 포스트잇의 가장 큰 특징이다. 3M 제품 중 우리에게 익숙한 상품으로 '마스킹 레이프'도 있다. 최근 인기를 얻고 있는 다양한 무늬가 들어간 귀여운 것이 아니라 점착제가 묻어 있는 갈색 종이테이프다. 도장 작업을 할 때 도료를 묻히고 싶지 않은 부분에 이 테이프를 붙여 마스크(덮어서 가림) 하는 것으로 공업 분야에서는 없어서는 안 되는 제품이다. 마스킹 테이프처럼 밑바탕을 훼손하지 않고 떼어 낼 수 있는 점착제를 사용한 제품의 연장선상에 포스트잇이 존재한다는 사실을 새삼 깨닫는다.

포스트잇이 발매된 지 얼마 되지 않았을 무렵 나는 이것을 컴퓨터 모니터(당시는 액정이 아니라 브라운관이었다.) 주변에 덕지덕지 붙여 놓은 외국의 사무실 풍경 사진을 보고 동경심이 들었다. 하지만 미국에서도 일본에서도 이 획기적인 제품이 사용자에게 널리 알려지기까지는 시간이 걸렸던 것 같다. 초기에는 사무실에서 메모 용도로 쓰였던 것이 모두 함께 아이디어나 생각을 짜내는 브레인스토밍용의 편리한 도구로 사용되기 시작하면서 포스트잇은 서서히 문구 사회의 시민권을 얻게 된다.

그 후 다양한 유사 상품과 파생 상품이 탄생하게 되었는데, 포스트잇 시리즈는 현재도 붙임쪽지 관련 상품의 중심에 있으며, 이 시리즈에 대한 이해 없이는 얘기가 안 된다. 제일 먼저 포스트잇의 가장 기본적인 모델을 확인해 보자.

## 두 번째 혁신적 상품 '팝업 노트'

일본에서 최초로 소개된 포스트잇(정확하게는 '포스트잇 노트')은 3×3inch(현재의 75×75mm에 해당)의 정방형으로 용지 색상이 노란색인 모델이었다. 얼마 지나 옛날 일본에서 쓰인 붙임쪽지와 같은 소형 모델이나 가로 괘선이 들어간 대형 모델 등도 등장하기 시작한다.

용지는 약간 두껍고 튼튼한 열은 노란색의 무지로 3M 공식 사이트를 살펴보면 "시제품을 만들 때 마침 연구실에 노란색 종이밖에 없었기 때문"이라는 설명이 있다. 우연이라지만 리갈패드처럼 '임시 기재용으로서의 노란색'과도 일맥상통하는 측면이 있어서 매우 탁월한 선택이었다고 생각한다. 포스트잇의 지면은 연필이든 사인펜이든 잘 써지고 잉크 번짐도 적어 글씨가 예쁘게 마무리된다. 점착제를 매개로 용지가 겹쳐진 형태로 이루어진 이 제품은 한 장씩 빠르게 그리고 깔끔하게 분리할 수 있는 기능도 고려하여 만들어졌다.

뒷면에는 포스트잇에서 가장 중요한 점착면이 있다. 전체면에 점착제가 묻어 있는 게 아니라 75mm 각형 모델의 경우 가장자리에서 20mm 정도까지 일부만이다. 이러한 배분 덕분에 대상물에 단단히 부착되면서도 용지 하단은 떼어 내기 쉽도록 약간 떠 있는 포스트잇 특유의 메모 기능이 실현된 것이다. 또, 이 점착제의 힘을 이용해 용지를 층층이 겹쳐서 한 권의 블록 메모라는 형태로 상품화가 이루어졌다.

포스트잇을 포스트잇답게 하는 요소라고 하면 '크기, 종이, 점착제' 세 가지를 들 수 있다. 얼핏 보기에 단순한 이 세 가지 요소의 조합에 많은 노하우가 투입되어 전혀 새로운 블록 메모가 창조되었으니 공산품으로서 역시 대단하다고 하겠다. 포스트잇은 시간이 지날수록 용지 크기가 다양해지고 색깔도 노란색 이외에 다양한 것이 등장하는데 기본적인 사양은 초기 모델과 큰 차이가 없으며 이제 곧 전미 발매 40주년을 맞게 되는 롱셀러 상품이다.

다른 한편으로 기본 사양을 변경한 몇몇 시리즈도 등장하고 있다. 점착력을 높인 강력 점착 시리즈, 점착제를 전체 면에 바른 시리즈, 종이가 아닌 수지 필름 소재를 채택한 시리즈 등을 들 수 있다.

그중에서도 점착제 부분이 겹치는 위치를 교차시켜 놓은 '팝업 노트'는 포스트잇의 두 번째 혁신이라고 할 수 있다. 75mm 각형 모델 용지의 점착면 위치를 한 장씩 번갈아 바꿈으로써 포스트잇을 티슈페이퍼 뽑듯 빠르게 떼어 낼 수 있게 되었다. 또한, 팝업 노트를 사용하려면 전용 디스펜서(케이스)가 필요하

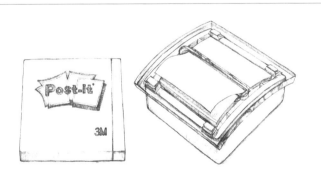

붙임쪽지라는 종류를 결정지은 포스트잇.
파생 모델인 '팝업 노트'는 더욱 편리한 사용감을 자랑한다.

며 걸모양도 사용감도 그야말로 미국적인 상품으로 완성되었
다는 점도 흥미로운 부분이다.

지금은 3M이 아닌 회사들에서 나온 붙임쪽지 관련 상품
수가 많은데, 포스트잇 사양을 기준으로 원조 포스트잇과는
무엇이 다른지를 확인해 본다면 각 상품을 더욱 빨리 이해할
수 있을 것이다.

## 문구 매장에 넘쳐 나는 붙임쪽지 관련 상품

포스트잇이 일본에 수입된 지 40년 가까운 세월이 지나면서
일본에서는 붙임쪽지 관련 상품(이하 '붙임쪽지'라고 통칭)이
포화 상태다.

먼저 특허권이 종료되어 포스트잇 유사 제품이 다수 출현
하게 되었다. 더불어 포스트잇의 단순함과는 다른, 이를테면
귀여운 스타일로 디자인된 다양한 종류의 제품도 무수히 탄생
했다.

소재나 모양에도 변화가 있다. 폭이 넓은 종이테이프 상태
의 붙임쪽지, 얇고 부드러운 필름 소재, 또는 반투명 트레이싱
페이퍼에 점착제를 바른 붙임쪽지도 나오고 있다. 또한 원조
포스트잇을 개량한 제품도 있다. 쉽게 안 떨어지는 강력 점착
타입의 등장이다. 점착력이 다소 약한 편인 포스트잇과 대상물
에 단단히 붙어 잘 안 떨어지는 태그 라벨의 중간 정도로 택배

박스에 라벨을 붙이는 용도 등으로 매우 요긴하게 쓰인다.

최근 들어 붙임쪽지의 종류가 한층 더 늘어나고 있다. 개인적으로는 애정을 담아 특수 계열이라고 부르는 것이 있는데, 그중에는 붙임쪽지 표면에 '확인'이나 '날인' 등 서류상의 지시 용어가 인쇄된 것도 있고, 반대로 유쾌한 일러스트가 그려진 것이나 오려 낸 그림처럼 모양이 예쁜 것, 접어서 입체적으로 만들 수 있는 것 등 여러 갈래에 이르고 있다.

새로운 붙임쪽지가 많이 등장하게 된 까닭에는 지금까지의 문구 제조업체와는 달리 인쇄가 본업인 회사나 노벨티(사은품) 아이템 개발에 주력하는 회사 등 아이디어가 넘치는 타 업종이 가세한 덕도 있다고 생각한다.

나는 붙임쪽지의 급격한 진화와 분화가 일어나고 있는 이 시기를 함께 할 수 있어서 행복하다고 생각한다. 바라건대 업무에 정말로 도움이 되는 단순하고 보편적인 디자인이나 근성 있는 제품이 조금 더 나왔으면 싶다. 한편, 마음에 쏙 들어 사용하기 시작한 제품이 앞으로도 변함없이 쭉 공급될지 불안한 마음도 있다. 이 점을 생각하면 잇따라 등장하는 신상품이 반가우면서도 업무에 계속 사용하려면 지금까지 장기간 모델 변경이 없었던 클래식한 기본 상품에서 찾는 것이 무난하다고 생각한다.

# 붙임쪽지를 사용하는 이유를 생각한다

이 책의 목적에 비추어 사회인이 업무에서 사용할 때를 중심으로 붙임쪽지가 무엇을 할 수 있는지를 생각해 보자. 이렇게 쓰니 "왜 지금 와서 그렇게 소박한 의문을?"하는 소리가 들리는 것만 같다.

나도 그렇게 생각하지만, 붙임쪽지와 같이 부담 없는 가격대의 종이 제품은 문구 매장에서 눈에 띄기 쉽고 귀엽다거나 멋지다는 인상만으로 구매를 결정하게 되는 경향이 있다. 물론 문구의 충동구매는 사용자에게 새로운 체험의 기회가 되므로 나쁘기만 한 것은 아니다. 다만 붙임쪽지는 노트나 수첩의 효율적인 사용법을 결정하는 중요한 아이템이 될 수도 있고, 더 발전하면 파일링에도 영향을 미친다. 기본적으로 늘 사용하는 단골 아이템은 반복해서 구매하고 몇 년씩이나 쭉 사용하게 된다. 그런 이유에서, 충동구매도 괜찮지만 각자 붙임쪽지에 대한 기본적인 이해를 마친 뒤 규칙을 정해 두고 써도 손해 볼 것은 없다고 생각한다.

먼저 "붙임쪽지는 점착제가 묻어 있는 종잇조각이다."라고 소리내어 말해 보자. 그렇다면 그걸 어디에 붙이느냐? 이에 대한 몇 가지 답을 들어 보겠다.

1　컴퓨터 모니터 주변
2　회사의 책상, 상대방에게 전달할 서류
3　사무실 벽이나 테이블, 화이트보드

4　서적, 교과서, 사전

5　골판지 상자

6　파일링 용품

7　노트나 수첩

일곱 가지 경우가 나왔다. 하나씩 풀어 나가 보자.

1　컴퓨터 모니터 주변

나와 비슷한 연령대의 사람들은 붙임쪽지라고 하면 컴퓨터 모니터 주변에 덕지덕지 붙여진 풍경을 맨 먼저 떠올릴 것이다. 포스트잇의 최초 사용법이 그랬으니까. 그렇다면 거기엔 어떤 내용이 쓰여 있었을까? 상상해 보자면 주소나 전화번호, 상사의 지시, 상품번호, 자신의 할 일 등이었을 것이다. 본래 전화번호는 주소록 등에, 할 일은 ToDo 리스트에 쓰면 되지만 붙임쪽지는 갑작스러운 정보를 임시로 메모해 둘 때 쓰인다. 모니터에 붙여진 붙임쪽지의 정보가 각기 다른 속성이라고 해도 '일시적인 메모'라는 공통점으로 묶여 있다.

　　일시적인 메모라면 바로바로 활용할 수 있어야 이상적이다. 또한, 너무 작은 크기일 경우에는 한 장에 내용을 다 적지 못해서 여러 장이 필요할 수도 있다. 그런 이유에서 한 장씩 뽑아내기 쉬운 포스트잇 팝업 노트가 탄생하게 되었을 테고, 제품의 크기도 딱 알맞은 75mm 각형이라는 점도 이해가 된다.

　　그런데 현재 모니터는 과거보다 훨씬 얇은 액정으로 바뀌었고, 게다가 노트북 컴퓨터를 사용하는 사람도 많아졌다. 즉 붙

153

임쪽지를 붙일 만한 공간이 별로 없다. 그러나 여전히 통화 중에 일시적으로 메모를 해야 하는 경우 가장 대응하기 빠른 방법은 손으로 직접 쓰는 것이다. 이럴 때 나라면 클립보드 위에 붙임쪽지를 붙이고 그것을 책상 옆에 두겠다. 공간이 모자란 경우 클립보드를 사용해 보면 어떨까?

## 2  회사의 책상, 상대방에게 전달할 서류

상사나 동료에게 남길 메시지를 책상 위 또는 제출할 서류에 첨부해야 할 때. 이것은 과거 컴퓨터 모니터 주변에 붙여 둔 것 이상으로 붙임쪽지가 활약할 만한 장면이다. 3M의 공식 사이트에서도 포스트잇의 도입이 가져올 사내 커뮤니케이션의 증진 효과를 설명하고 있다.

나도 과거에는 한 층에만 150명 가까운 인원이 일하는 기업에 근무했는데, 당시는 다른 사람의 책상에 붙임쪽지로 메시지를 남겨야 하는 상황이 그다지 많지 않았다. 업무와 관련한 전달 사항을 주변 사람들에게 알리고 싶지 않았으며 서류 따위가 가득 쌓인 남의 책상에 메시지를 남겨 두는 것이 주저되었기 때문이다. 그보다는 전자 메일로 전달하는 편이 안전하고 확실하며 증거도 남아 안심되었다.

지금은 많은 사람들이 상대방에게 전달하는 서류에 붙임쪽지를 붙이는 식으로 사용하고 있을 것이다. 예전 같으면 '메모 용지+젬클립'이었을 것이 지금은 붙임쪽지로 바뀐 것이다. 다만 특히 젊은 사람들이 주의했으면 싶은 것은, 붙임쪽지는 어디까지나 임시 메모라는 점이다. 비교적 격식을 차려야 하는 상사나 관계 부처, 고객에게 제출하는 서류에 메시지를 첨부해야 한다면 필요에 따라 포스트 카드나 편지지를 사용하는 편이 무난하다.

## 3 사무실 벽이나 테이블, 화이트보드

이 경우 붙임쪽지의 용도는 목적이 조금 다르다. 개인 단위가 아니라 팀 단위로 사용하는 상황을 상정해 보겠다. 3M에서 포스트잇을 발매하고 얼마 지나지 않아, 여러 사람이 함께 프로젝트를 진행할 때 브레인스토밍에 포스트잇을 활용하는 방법이 소개되었다. 브레인스토밍이란 2인 이상이 모여 토론으로 아이디어를 끌어내고 검토하는 기법이다.

일본에는 포스트잇이 등장하기 전부터 브레인스토밍의 기법으로 고 가와키타 지로 씨가 고안한 'KJ법'이 있었다. 이 KJ법 중 일부 절차를 포스트잇이 담당하고 있는 듯하다. 포스트잇 한 뭉텅이를 눈앞에 두고 주어진 주제에 대해서 팀원 각자가 떠오른 키워드를 포스트잇에 쓴다. 그 내용을 함께 확인하면서 벽면에 배치해 나간다. 붙여진 것을 검증하고 재배치하면서 프로젝트에서 요구되는 최적의 답을 도출해 나가는 작업이다.

이때는 대개 75mm 각형, 또는 그보다 더 큰 포스트잇이 이용된다. 벽면에 붙여 놓아도 쉽게 읽어 낼 수 있도록 두꺼운 펜촉의 필기구로 글자를 크게 적기 때문이다. 붙였다 떼었다 하므로 점착력은 표준인 것이 적합하다. 용지의 색깔은, 게시하는 시점에서는 아직 속성이 부여되지 않은 상태이므로 가능한 한 같은 색으로 통일하는 편이 좋다.

현재도 여전히 기업이나 교육기관에서 포스트잇을 이용한 브레인스토밍이 이루어지고 있다. 이러한 쓰임새로도 75mm 각형 포스트잇 또는 그에 상당하는 제품이 큰 비중을 차지하고 있다.

## 4  서적, 교과서, 사전

이번에는 서적류에 붙임쪽지를 붙이는 것에 대해서 살펴보자. 아마 여러분도 빈번하게 활용하고 있을 것이다.

먼저 책갈피로 사용하는 경우를 들 수 있다. 책 위쪽이나 측면에 포스트잇이 살짝 삐져나오게 붙인다. 자료 조사를 위해 인용하고자 하는 페이지나 업무상 빈번하게 참조하는 페이지, 혹은 상대방에게 책을 건네면서 읽기를 바라는 부분에 누구나 한 번쯤 붙여 봤으리라 생각한다. 학습 효과를 향상하는 데 도움되는 사용법도 있다. 교과서나 학습 관련 서적에서 모르는 부분이 있으면 그 페이지에 붙임쪽지를 붙이고 나중에 의문이 해결되면 떼어 낸다. 한 권의 책에 붙여 둔 붙임쪽지가 모두 사라지면 '학습 완료'라는 직관적이고 합리적인 사용법이다.

다음은 책갈피 용도가 아닌 페이지 안에 붙이는 경우다. 교과서 내용 중 중요한 부분을 표시하거나, 투명한 필름형 붙임쪽지를 붙여 일부 문장 위에 라인마커(형광펜)를 그은 듯 색깔을 입히는 식이다. 이처럼 서적류에 붙이는 경우에는 대체로 작은 붙임쪽지를 이용한다. 아무래도 일상에서는 책이나 노트 안의 마크(식별용 표시를 붙임)에 사용하는 붙임쪽지의 수요가 많은 것 같다. 그래서인지 문구점에서 흔히 볼 수 있는 건 대부분

작은 크기의 제품이다.

책갈피 용도로 대량의 붙임쪽지를 사용하는 경우에는 일반적으로 값싼 것이 적합하다. 그런데 최근 급속하게 종류가 늘고 있는 필름 소재의 붙임쪽지는 종이 소재보다 비싸기는 하나 얇아서 한 권의 책에 꽤 많이 붙여도 책의 외관을 해치지 않아서 좋고, 튼튼하면서도 부드러워서 페이지에 잘 융화되므로 종이 소재의 것처럼 접히거나 들뜰 가능성도 적다.

크기가 작은 붙임쪽지는 종류가 많고 색깔과 디자인도 풍부해서 선택 폭이 넓지만, 사용자 입장에서 다소 불편한 점이 있다. 종이나 필름 등 소재를 불문하고 상품 구성 방법이 다소 합리적이지 못하다. 책갈피로 사용하는 경우를 예로 살펴보자. 그저 마크하는 용도로 사용할 생각이라 특별히 중요도를 따지지 않을 경우 이왕이면 같은 색깔의 붙임쪽지를 사용하는 편이 혼란을 줄인다. 하지만 매장에 진열된 붙임쪽지 상품의 대부분은 무슨 이유에서인지 3색 이상으로 구성된 경우가 많다.

나는 자료를 정리하거나 파일링을 할 때 굳이 색깔로 구별할 필요는 없다고 늘 생각한다. 붙임쪽지의 경우도 마찬가지로 일반 사용자가 빨강, 노랑, 파랑의 세 가지 색을 구분해서 사용하거나 전부를 균등하게 다 사용하는 상황은 그리 많지 않다.

물론 만드는 측의 입장도 이해가 안 되는 건 아니다. 사용자가 한 가지 색깔만을 원한다고 해서 빨강, 노랑, 파랑을 따로따로 3개의 패키지로 구성하면 문구 매장에서는 세 배의 면적이 필요하게 된다. 소매점의 진열 공간에는 한계가 있다. 제조업체가 하나의 패키지에 세 가지 색, 이를테면 '기본 3색' '꽃무늬 3

색' '비비드 컬러 3색'과 같이 구성하면 총 9종의 디자인을 3개 상품 분량의 공간에 진열하여 활기를 줄 수 있다.

제조업체 입장에서는 많이 팔릴수록 좋다. 일단 잘 팔아서 자신들의 브랜드명을 시장에 널리 알리고 싶을 테니까. 제조사들 모두 아직은 그런 단계일지도 모르겠다. 그러니 나와 같은 생각을 하는 독자는 단색 구성으로 판매하는 강단 있는 제조사를 찾거나 아니면 다색 구성 상품을 잘 활용하는 수밖에 없다.

마지막으로 한 가지 당부를 드리고 싶다. 이미 잘 아시겠지만 도서관에서 빌린 공공의 서적, 타인에게 빌린 책이나 중요한 자료에 붙임쪽지를 붙이는 일은 되도록 하지 말자. 붙임쪽지의 점착제는 떼어내면 미량이지만 종이에 남게 되는 경우가 있어서 서적이나 자료를 직간접적으로 훼손할 수 있다는 점을 명심했으면 좋겠다. 자신이 소장하고자 하는 책의 경우에도 보존성을 중시한다면 붙임쪽지의 사용은 주의하는 게 좋을 것이다.

## 5  골판지 상자

서류나 물품을 보관하는 종이 소재 수납 상자에 내용물을 표시하는 라벨로서의 용도를 생각해 보자.

익숙한 예로, 택배 박스로 불리는 골판지 상자가 있으며 그밖에도 최근에 알려지기 시작한 '행거 박스'라는 뚜껑 달린 세련된 상자가 있다. 가정에서나 소규모 사무실에서는 서류나 물품을 일시적으로 보관할 때 이런 종이 상자를 사용하는 경우가 흔히 있다. 상자 속 내용물을 바꾸어야 하는 경우도 생길 수 있으므로 상자에 붙이는 라벨은 손쉽게 교체할 수 있어야 한다. 이때 붙였다 뗐다 할 수 있는 붙임쪽지 계통의 제품이 요긴하다.

내 사무실에는 물품을 보관한 골판지 상자가 꽤 많은데 라벨을 붙일 때면 항상 여러 가지 궁리를 한다. 처음에는 그냥 보통의 포스트잇을 사용했는데 실내 온도와 습도의 변화 때문에 툭하면 종이가 말리거나 저절로 떼어지는 바람에 나중에는 떼어질 걱정이 없는 강력 점착 타입의 포스트잇으로 바꿔 보았다. 강력 점착 타입에는 점착제 도포 면적이 작은 것과 큰 것이 따로 있고 지금은 '전체 면적 강력 점착' 모델도 나오고 있어서 제법 쓸 만하다.

하지만 이것으로 모든 문제가 해결되지는 않았다. 강력 점착의 경우 점착력이 너무 세서 떼어 낼 때 가끔 상자 표면이 손상되는 등 자잘한 문제들이 있었다. 그래서 곰곰이 해결책을 생각했다. 내용물 변경이 잦은 상자에 포스트잇을 자주 붙였다 뗐다 해도 표면이 상하지 않도록 튼튼하고 잘 벗겨지지 않는 흰색 필름 라벨을 먼저 붙여 놓고 따로 준비한 붙임쪽지에 내용을 써서 그 위에 붙이는 방법이었다. 즉 이중 구조를 강구한 것이다.

흰색 라벨은 3M의 그룹 브랜드인 'A-one' 등이 공급하는 범용 프린터 라벨을 이용하면 된다. 이 제품의 경우 A4 크기의 흰색 시트 상태이지만 일정 크기로 커팅되어 있으며, 종이 소재와 폴리에스터 등의 필름 소재로 나뉘어 있다. 그중 라벨 위에 붙임쪽지를 붙일 때 쓸 거라면 필름 소재가 좋다.

한편 붙임쪽지는 종이든 필름이든 상관없으며 들뜨지 않도록 뒷면 전체에 점착제가 도포된 타입이 좋다. '야마토 풀'로 유명한 야마토에서 나오는 테이프 상태의 필름 붙임쪽지 '메모 크롤 테이프' 필름 타입이라면 전체 면에 점착제가 묻어 있고 필름 소재인 데다가 원하는 길이로 잘라 사용할 수 있다. 최대 25mm 폭의 모델이 있는데, 이 정도의 폭이면 한 가지 색 단위로 구매할 수 있다는 장점도 있다. 야마토에서는 종이 소재의 전면 점착 타입 테이프에 스타일리시한 테이프 디스펜서가 포함된 '테이프노후센'도 발매하고 있다.

골판지 상자에 내용물을 넣을 때는 누구나가 기껏해야 1~2년 정도 보관할 것이라고 생각하겠지만 순식간에 5년이 지나고 10년이 지난다. 그러므로 길게 내다보고 붙임쪽지를 붙이길 권한다.

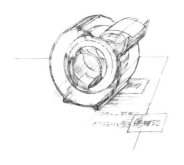

뒷면 전체에 점착제가 묻어 있고 원하는 길이로 잘라서
사용할 수 있는 야마토의 필름 소재 붙임쪽지 '메모 크롤 테이프'.
사용자의 아이디어로 용도는 얼마든 확대된다.

파일링 용품에는 붙임쪽지를 어떻게 사용하면 좋을지 생각해 보자. 우선 내가 항상 추천하는 '클리어 홀더'부터 살펴보겠다. 클리어 홀더는 투명 PP(폴리프로필렌 소재)의 시트를 2개 겹치고 열을 가해서 압착했을 뿐인 단순한 구조인데 A4 문서는 물론이고 영수증이나 어중간한 크기의 취급설명서도 어려움 없이 보관할 수 있다.

먼저 무색투명한 클리어 홀더를 준비한다. 그다음엔 가장 자리 부분에 라벨을 붙여서 분류하기만 하면 끝이다. 보통의 붙임쪽지는 점착력이 약하기에, 내용을 붙임쪽지 뒷면에 기재하고 클리어 홀더 안쪽에 붙이는 방법을 예전에 소개한 적이 있었는데, 포스트잇의 강력 점착 타입이라면 그대로 바깥쪽에 붙여도 괜찮을 것이다.

그 밖에도 여러 가지 시도를 해 봤지만, 지금 나는 붙임쪽지보다 마스킹 테이프를 더 많이 활용하고 있다. 앞에서 서술한 공업용 마스킹 테이프가 아니라 잡화로 분류되어 판매되고 있는 제품이다. 이 가운데 굳이 무늬가 있는 것이나 색깔이 있는 것은 피하고 어디서든 구할 수 있는 흰색 마스킹 테이프를 사용한다. 적당한 길이로 잘라서 클리어 홀더에 붙인 후 가는 펜촉의 유성펜으로 보관할 문서의 내용을 기재한다. 이처럼 목적에 맞지 않는 경우에는 붙임쪽지를 딱 잘라 사용하지 않는 것도 포인트다.

일본에서 많이 사용되고 있는 파일링 용품은 PP로 만들어진 것이 많으므로 만일 붙임쪽지를 사용한다면 종이보다는 필름 소재가 적합하다. 필름 붙임쪽지는 탄력이 있어서 부드러운 PP와도 잘 맞는데 가능한 한 점착제의 도포 면적이 큰 붙임쪽지가 좋다. 또한 필름 붙임쪽지에는 얇고 부드러운 것과 두껍고 딱딱한 것이 있으므로 확인하고 구매하자.

내가 즐겨 사용하는 하드 파일(제6장에서 상세히 서술하겠다)의 목차 부분은 표지에 구멍이 뚫려 있어 속이 보이므로 여기에 붙임쪽지를 활용하고 있다. 목차 칸은 필기구로 기재할 수 있게 되어 있기는 하지만, 문서의 내용물이 변경될 수 있으므로 교체 가능한 붙임쪽지를 사용하는 편이 합리적이다. 여기서도 필름 소재의 붙임쪽지를 사용하고 있다. 마스킹 테이프는 점착력이 세서 떼어 낼 때 표면이 손상될 수 있으니 붙임쪽지 정도의 점착력이 좋겠다.

파일링 용품은 소재도 색깔도 다양하다. 적재적소에 맞는지 따지고 아이디어도 더해 가면서 붙임쪽지를 잘 활용해 보자.

## 7 노트와 수첩

붙임쪽지를 붙일 마지막 대상은 '노트와 수첩'이다. 아마도 종이 제품 위에 붙임쪽지를 사용하는 사람이 매우 많을 것이다. 붙임쪽지 관련 기사나 서적에서도 노트나 수첩에 붙임쪽지를 사용하는 방법을 중요한 주제로 삼는 것들이 많다. 이 책은 각 문구에 대한 가장 기본적인 사고방식을 제공하는 것에 주안점을 두고 있는 만큼, 여기서도 "어떻게 받아들이면 좋을까?"를 먼저 생각해 보고자 한다.

내가 노트나 수첩을 앞에 두고 생각하는 붙임쪽지에 대한 입장은 조금 과장되게 말하면 '일단 사용하지 않는 것'이다. 사용해서는 안 된다는 게 아니다. 이른바 수첩 활용법을 제시하는 서적에서도 학습법을 설명하는 기사에서도 붙임쪽지의 활용을 납득하게 하는 사례는 수없이 많지만 기대하는 만큼의 성과가 잘 나타나지 않는 경우가 여기저기 보인다.

붙임쪽지를 활용한다는 것은 붙임쪽지를 관리하고 운용하기 위한 수고가 발생한다는 의미이기도 하다. 노트나 수첩을 깔끔하게 활용하는 '스타플레이어'를 동경하는 것은 그것대로 멋진 일이지만 과잉 정보에 휩쓸려 붙임쪽지를 사용하는 것 자체가 목적이 되지 않았으면 한다. 내가 블로그 등에 쓰는 기사도 포함해서 세상에 나와 있는 문구 관련 정보는 아무래도 신제품 소개가 주를 이루기 쉽다. 그렇기에 신제품에 대해서 제조사가 제공한 사용법을 설명하는 내용으로 흐르기 쉽다. 그러나 어떤 제품을 사용함으로써 기대할 수 있는 성과는 사용자 개인의 숙련도에 좌우되는 측면이 크다.

조금 오래된 얘기로 라인마커(형광펜)가 처음 세상에 나왔을 무렵의 일이다. 많은 학생이 암기에 도움이 되도록 교과서의 중요 부분에 선을 그어 표시하는 식으로 라인마커를 활용했다. 그런데 가끔은 책 안의 거의 모든 글자를 다양한 색깔의 라인마커로 떡칠하듯 칠하는 사람이 보였다. 이처럼 본인은 진지하겠지만 옆에서 보면 그 문구를 제대로 활용하지 못하는 사례란 수없이 많다.

만일 수첩에 붙임쪽지를 도입하거나 붙임쪽지를 사용한 학습법의 개요를 알고 싶다면 웹사이트에서 적절한 키워드로 영상을 검색해 보는 방법도 있다. 예를 들어 '붙임쪽지 학습법'과 같은 키워드로 검색해 보면 시선을 끄는 사용법이 나온다. 얼핏 생각하기에 믿음직하지 못한 방법일 수도 있겠으나 단시간에 효율적으로 붙임쪽지의 현주소를 알 수 있다. 본인이 도입할 수 있을 것 같은 붙임쪽지 활용법을 발견했다면 서둘러 똑같은 제품을 따라 사기보다는 가지고 있는 제품으로 한동안 흉내를 내보자. 가령 붙임쪽지의 크기가 안 맞는다면 가위로 잘라서 조절하는 식으로 말이다.

최첨단 전자기기를 개발할 때도 정식 발매 버전과는 모양도 크기도 다르지만 '테스트 벤치'라는 시험 장치를 사용해 설계상의 정확성이나 유용성을 오랜 시간 실증하는 경우가 있다. 조금 시간이 걸리더라도 수긍할 수 있고 도입 성과를 기대할 수 있는 활용법을 찾기 바란다.

노트나 수첩용으로 추천하고 싶은 것은 역시 필름 소재의 붙임쪽지다. 얇고 부드러우면서도 튼튼하다. 수첩에 붙이기 쉬운 소형 사이즈도 다양하게 있으며 매우 가볍다. 문구에 있어 종이 중량은 의외로 중요한 요소라고 할 수 있는데, 노트 하나만도 A5 크기 이상은 200g이 넘는다. 거기에 종이 붙임쪽지를 많이 붙인다면 가지고 다니는 노트의 볼륨도 커지고 무게도 제법 늘 것이다. 필름 소재의 제품은 종이와 비교해서 비싸기는 해도 고유한 이점을 충분히 이해하면 비싼 값만큼의 효과를 얻을 수 있다.

보편적인 디자인으로 업무에 꼭 사용해 보고 싶어지는 필름 소재 붙임쪽지가 아직 드물기는 하지만 공을 들인 아이디어 붙임쪽지를 잇달아 개발하고 있는 칸미도KANMIDO의 각종 필름 붙임쪽지에는 주목하고 있다. 히트 상품으로는 슬림하게 포장된 '코코후센'이나 필통 등에도 들어가는 펜토네PENtONE 등이 있다. 이 책을 쓰면서 칸미도의 최신 라인업을 확인한 결과 내가 붙임쪽지 제조사에 바라온 대로 좋아하는 색을 하나만 고를 수 있는 단색 패키지 제품도 판매하고 있었다.

수첩에서 필름 붙임쪽지의 장점이 더욱 발휘되는 경우는 인덱스로 사용할 때다. 가볍고 얇고 튼튼해서 여러 차례 집었다 놓아도 종이처럼 구겨지거나 손상되는 일이 없다. 시스템 수첩에는 제법 그럴싸한 디바이더(섹션 구분용 속지)를 갖추고 있는 것이 많은데, 이것을 모두 없애고 필름 소재의 인덱스형 붙임쪽지로 바꾼다면 수첩 무게를 줄일 수 있을 뿐 아니라 끼워 넣을 속지의 매수도 늘릴 수 있다.

종이와 필름 두 가지 소재를 용도에 알맞게 사용하여 노트나 수첩의 효율화, 경량화를 실현해 보자.

## 노트나 수첩에 붙이는 기본 테크닉

이제 내가 생각하는 붙임쪽지의 기본을 소개하겠다. 먼저 붙임쪽지의 '붙였다 뗐다 하는 성질'을 어떻게 자신의 것으로 만들까. 그 성질에서 얻을 수 있는 이점에는 어떤 것이 있는지를 떠올려 보는 일에서부터 출발한다. 그 기능이란 주로 마크mark와 노트notes와 에디트edit 세 가지다.

마크는 페이지 속 내용 중 주의를 환기할 부분에 붙이는 표시다. 이 붙임쪽지가 페이지의 바깥쪽으로 삐져 나가면 인덱스(책갈피 또는 목차)가 되기도 한다. 노트는 페이지 안의 임의의 부분에 두는 추기(덧붙여서 씀)용이다. 거기에 기재되는 것은 새로운 정보나 주의사항, 정정 내용 등이다. 마지막 에디트의 경우는 붙임쪽지를 붙였다 뗐다 하면서 텍스트를 페이지 안팎으로 이동시키거나 모으거나 하는 편집을 가리킨다.

지금부터 붙이려는 붙임쪽지가 이 세 가지 기능 중 무엇에 해당하는지를 구별하는 것이 중요하다. 또, 노트가 마크 기능의 연장선상에 있을 때나 노트를 한곳에 모아서 에디트할 때처럼 세 가지 기능이 서로 밀접하게 연관되기도 한다. 지금 자신이 마크만 하고 싶은지, 노트 기능을 원하는지, 아니면 에디트를 염두에 둘 것인지 사전에 생각하여 붙임쪽지를 사용하면 시간 낭비를 방지할 수 있다.

세 가지 기능의 차이에 따라 붙임쪽지의 종류 선택에도 차이가 나타난다. 마크용으로는 크기가 작고 잘 붙어 있는 것이 적합하므로 얇은 필름 소재의 붙임쪽지가 편리하다. 노트용은 기재하기 쉬워야 한다는 점에서 필기감이나 페이지 인쇄 내용에 방해되지 않는 불투명도 등을 고려해 붙임쪽지를 선택한다. 그리고 붙였다 뗄 에디트를 염두에 두고 붙임쪽지의 색깔이나 크기를 결정하는 것도 중요하다. 사용하기로 결정한 붙임쪽지가 앞으로도 안정적으로 구할 수 있는 상품인지도 확인해 보자.

에디트와 관련해서 조금 더 깊이 이해하기 위해 실전의 예를 들어보자. 업무 협의를 할 때 노트에 메모를 시간순으로 적는 경우, 아마도 그 메모의 대부분은 머지않아 불필요한 정보가 될 것이다. 하지만 일부는 나중에 중요한 도움이 될 수도 있다. 그 부분에 대해서만 작은 붙임쪽지에 옮겨 적어 붙여 둔다. 그다음 그 붙임쪽지들만 추려 모아 놓고 다음 단계로 연결해 나간다. 원래 메모는 필요가 없다면 일찌감치 처분할 수도 있다.

지금 설명한 내용은 일례에 불과하고, 붙임쪽지를 활용하면서 노트를 입체적으로 사용한다는 것은 대부분 이러한 생각의 반복이다. 주의할 점은 붙임쪽지를 붙이는 것에 쓸데없이 많은 시간을 들이지 말 것, 옮겨 적는 작업 등으로 같은 정보를 두 번 쓰는 헛수고를 발생시키지 말 것이다. 외관을 굳이 예쁘게 할 필요도 없다. 어디까지나 붙임쪽지를 도입하여 작업을 효율화한다는 목적을 잊지 말고 여러분 나름대로 궁리해 나가기 바란다.

## 붙임쪽지는 아직 완성되지 않은 문구

다양한 상황에 따라 붙임쪽지 사용법을 소개해 봤다. 그런데 머릿속에 그려 볼수록 진정한 의미에서 사용자가 사용할 상황을 확실하게 파악하고 있는 상품은 의외로 적은 것 같다는 생각이 든다. 특히 업무적인 관점에서 봤을 때 붙임쪽지 관련 상품이 큰 인기를 얻는 상황에 비해 본질을 파악하고 있는 제품은 별로 없는 것 같다. 만일 제조사가 사용자의 사용법을 올바르게 파악했다면 이렇게나 많은 종류를 계속해서 개발하지는 않을 거란 생각이 든다.

이번 장 초반에서 언급했던 '포화 상태'는 그에 대한 방증일 수도 있다. "적당한 크기의 상품 하나로 여러 가지 용도로 이용하고, 필름 소재 붙임쪽지를 반투명 회색의 것 하나만 사고 싶다."라고 생각해도 지금은 그런 상품을 찾아내기가 어렵다.

이와 같은 상황은 붙임쪽지를 사용하는 우리 사용자들의 사용법이나 제품에 대한 이해가 충분하기 않기 때문이라고도 할 수 있다. 종이든 필름이든 붙임쪽지는 여전히 앞으로가 더욱 기대되는 문구다. 그러므로 바로 지금 우리 사용자들은 "이랬으면 좋겠다. 저랬으면 좋겠다."하고 원하는 바를 공급자 들에게 더 많이 전달하는 게 좋을지도 모르겠다.

6

생활을 정돈하는

파일링 기술

# 모든 사람에게 필요한 '파일링'

요즘은 가구, 잡화, 조명기구 등 방을 아름답게 꾸밀 수 있는 멋진 디자인의 제품이 많아졌다. 다양한 종류 가운데 골라 살 수 있어 원하는 공간을 구현하기가 쉽다. 따라 해 보고 싶을 만큼 설레는 분위기를 연출한 개인의 서재나 소규모 사무실 등의 사례가 건축 관련 잡지에 소개되기도 한다. 그런데 실제로 그런 정갈한 공간에서 생활하거나 일을 하려고 하면 미처 예상치 못했던 사태가 발생할지도 모르겠다. 내 경우에는 수납과 관련해 난감한 경험을 한 적이 많다. 특히 넘쳐 나는 서류 더미 때문에 골치를 앓았던 적이 한두 번이 아니다.

나는 20년쯤 전에 지금 사는 집을 지을 때 다행히도 의뢰인의 의사를 최대한 반영해 주는 건축사를 만날 수 있었다. 시뮬레이션을 통해 이것저것 수납하고 싶다는 의사를 전달한 결과, 어느 정도의 벽면 수납 가구와 로프트를 확보한 공간을 만들어 주었다. 그런데 얼마 지나지 않아 늘어나기만 하는 서류 더미라는 예상치 못한 장애물과 맞닥뜨리고 만다. 다른 장소를 임대해 사용하는 사무실의 상황은 한층 더 심각했는데 매일같이 발생하는 서류가 쌓일 대로 쌓여 작업 공간을 침범해 올 정도가 되었다. 물론 사적으로든 업무적으로든 여러 가지 서류가 항상 발생하고 그것을 관리하지 않으면 안 된다는 것을 머리로는 알고 있었지만, 나의 생활이나 일에 맞는 파일링 기술을 익히지 못한 상태였으므로 서류를 제대로 관리하지 못해 포화 상태가 되고 말았다.

'파일링'이라는 말을 들어도 자신과는 관계없는 얘기라고 생각하는 분이 많을지도 모르겠다. 최근에는 기업에서도 데이터의 대부분을 전자화하여 취급하므로 파일링의 실체가 잘 보이지 않는다.

　파일링의 기본은 자료를 자모순으로 나열하거나 키워드로 분류 및 정리하여 나중에 찾아보기 쉽게 하는 것이다. 이런 과정을 컴퓨터가 자동으로 대신하게 되면서 물리적인 파일링을 접할 기회가 상당히 줄었다. 또 회사로 들어오는 주문서나 청구서, 카탈로그, 명함, 사진이나 영상 자료에 이르는 이 모두가 파일링 대상이라는 걸 모르는 사람도 있을 것이다.

　내가 독일에서 문구와 파일링 용품을 매입할 때 현지에서 여러 가지 도움을 주었던 분이 있다. 1980년대에 수많은 문구 관련 서적을 집필하고 미국에서의 오랜 근무 경험을 토대로 파일링 컨설턴트로 활약하며 지금까지도 은행이나 상사, 자동차 제조사를 비롯한 수많은 기업의 파일링을 지도하고 있는 이치우라 준 씨다. 나는 그에게서 다음과 같은 흥미로운 얘기를 들은 적이 있다.

　"미국인들은 어릴 때부터 세련된 파일링 습관을 자연스럽게 익힙니다. 왜냐면 그들은 영어 사용자이므로 연락처에서부터 각종 자료에 이르기까지 일상에서 접하는 많은 정보를 겨우 26글자의 알파벳으로 쉽게 나열할 수 있기 때문입니다. 관공서에서든 기업에서든 모든 자료가 깔끔하게 분류되어 있어서 검색하기가 쉽습니다. 파일링의 기본인 분류와 검색이 용이한 영어 사용자들에게는 도저히 이길 수가 없습니다."

171

서구의 파일링 용품 제조사가 서류를 수납하는 캐비닛이나 행잉 파일 홀더, 바인더 등 파일링 관련 상품군을 폭넓게 갖추고 있는 이유를 왠지 알 것도 같았다. 국내외를 불문하고 지금은 어느 직장이든 컴퓨터로 업무를 처리하니 파일링 방법은 크게 변화하고 있지만, 파일링의 원활한 운영은 예전이든 지금이든 기업 경영의 중요한 역할을 담당한다.

대기업에서는 각사의 독자적 파일링 규칙이 확립되어 있고, 사원들도 그것을 따르고 있다. 한편 개인이나 소규모 사무실의 파일링, 특히 최근 입수할 수 있는 파일링 관련 용품을 활용한 기술에 대해서는 조언하는 사람도 아직 한정적이다. 그렇다면 스스로 궁리해 보는 것도 재미가 있을 것이다. 나도 여러 가지를 시도해 왔다. 처음에는 기업용 파일링 용품을 도입하다가 차츰 친숙한 용품을 활용하자 싶어서 2005년경에는 '퍼스널 파일링'이라는 주제로 내가 고안한 방법을 공개하게 되었다.

이번 장에서는 이 퍼스널 파일링으로 연결되는, 정리에 도움이 되는 제품이나 방법에 관해서 서술해 보겠다.

## 파일링이란 서류 정리

단샤리斷捨離라는 단어가 유행한 적이 있다. 자기 주변의 불필요한 것들을 버리고 쾌적한 생활을 지향하자는 의미를 담고 있는 말이다. 풀어 말하면 '나에게 다가오는 것 중 불필요한 것은 거부하고, 가지고 있는 것 중 불필요한 것 또한 적절하게 처리하여 물건에 구애되지 않는 사고와 태도를 몸에 익히자'는 뜻이다. 내가 앞으로 설명하려는 파일링의 흐름도 이 사고방식과 가깝다. 손에 들어온 서류 중 필요한 것을 선별하여 활용할 전망이 없는 서류는 폐기하고 가능한 한 전자파일화하는 것이다. 즉 일상의 '정리'와 매우 비슷하다.

정리 정돈을 하려면 수납 상자나 수납 가구가 필요한 것과 마찬가지로 파일링을 위한 몇 가지 준비물을 갖출 필요가 있다. 자잘한 순서를 설명하기에 앞서 구체적인 예를 드는 편이 쉽게 이해가 갈 것이므로 먼저 정리에 도움이 되는 물건과 서비스에 관한 설명부터 시작해 보겠다.

+  컴퓨터

여러 가지 전자화된 파일을 보관하는 장소로서 또는 서류의 송수신을 담당하는 도구로서 컴퓨터는 빼놓을 수 없다. 여러분 책상에 이미 놓여 있을 테니 잘 활용해 보자.

+  클리어 홀더

내가 소개하는 가장 기본적인 파일링 용품이다. 소규모 사무실에서나 개인이 실행하는 파일링의 최소 단위로 적합한 도구라고 생각한다. 투명한 PP(폴리프로필렌) 소재의 시트를 두 장 겹쳐서 두 변을 막아 놓은 것으로 모두에게 익숙한 제품이다. 예전에는 그럭저럭 가격이 나갔지만, 지금은 100장에 1,000엔 정도로 묶음 상품을 살 수 있으므로 부담 없이 사용할 수 있다.

클리어 홀더는 안에 넣을 서류의 크기나 두께를 까다롭게 따지지 않는 것이 커다란 매력 포인트다. 최대 A4 용지부터 어중간한 크기의 영수증까지도 그 안에 쏙 들어가서 분실을 방지할 수 있다. 제본을 위한 구멍을 뚫을 필요도 없다. 또 클리어 홀더에 제목을 붙이지 않아도 안의 내용물을 알 수 있다는 것도 이점이다.

주의할 점은 무색투명한 제품을 구매해야 한다는 것이다. 안에 넣을 서류의 속성 등에 따라 색깔 구별을 하다가는 수습이 어려워진다. 색깔을 구분하지 않으면 쉽게 돌아가면서 쓸 수 있다. 무색투명한 제품은 가격도 싸다. 클리어 홀더를 활용한 파일링을 도입할 때는 필요한 수량보다 훨씬 더 많은 홀더를 준비하자.

클리어 홀더와 비슷한 그 밖의 제품으로는 행잉 파일 홀더나 마닐라 폴더Manila Folder, 황색 서류철가 있다. 모두 미국에서는 오래전부터 사용되었던 우수한 파일링 용품이지만, 운용하려면 전용 캐비닛이나 걸맞는 수납 가구가 필요해서 소규모 사무실의 수납 형태와는 좀처럼 맞지 않을 수 있다. 만일 예산이 충분하고 사무실을 멋지게 꾸미고자 한다면 행잉 파일 홀더와 그것을 수납할 캐비닛을 사무실에 두는 것도 좋겠지만 말이다.

+ 스탠드 파일박스

클리어 홀더는 그것 하나만을 세워서 놓을 수는 없고 또 클리어 홀더를 눕혀서 겹치면 내용물이 쏟아져 나올 우려가 있어 보관할 때는 파일박스가 필수다. 종이 또는 섬유 소재 파일박스가 많이 나오고 있는데 내구성과 가격, 구매의 용이성을 생각하면 현재로서는 무인양품의 '폴리프로필렌 스탠드 파일박스'가 가장 추천할 만하다.

이 제품은 클리어 홀더의 짧은 변을 아래로 가게 해서 세워놓을 수 있다. 파일박스 개구부가 비스듬하게 커팅된 덕분에 클리어 홀더의 타이틀을 확인하기도 쉬워 필요한 자료들을 빠르게 찾을 수 있다. 무인양품의 스탠드 파일박스 제품에는 반투명한 것과 화이트 그레이 두 종류가 있다. 더러움이 눈에 잘 띄지 않고 시간이 지나도 손상이 적은 것은 반투명한 제품인 것 같다. 이유는 뒤에서 얘기하겠지만 이것도 처음부터 충분한 수량을 사두는 편이 좋다.

+ 2공 바인더와 2공 파일

용지에 2개의 구멍을 뚫어 바인딩하는 파일링 용품이다. 구멍 2개의 간격은 80mm로 이 구멍을 뚫는 '2공 펀치'는 사무실에서는 물론이고 가정에서도 흔히 볼 수 있다.

일본에서라면 2공 바인더는 파란색 커버의 킹파일(킹짐)이 대표적이다. "파란색 커버는 너무 사무용품 같아서 좀……"이라고 생각한다면 같은 회사 제품 중 검정이나 회색 표지의 '돗치 파일 BF'를 선택해도 좋고 해외 제품인 라이츠LEITZ나 에셀트ESSELTE 같은 '레버 아치 파일'을 선택하는 방법도 있다.

기본적으로 킹파일이나 레버 아치 파일은 용지 출납이 번거로운 측면이 있으므로 여기에는 장기 보관할 서류를 철한다. 법률 등에 따라 장기 보관이 필요한 서류, 종이 상태로 보관해야 하는 자료를 안전하게 보관할 수 있다.

2공 바인더 이외에 2공 파일도 있다. 구체적인 상품으로는 고쿠요의 '플랫 파일'이 가장 잘 알려져 있다. 옅은 파란색이나 분홍색 종이 재질의 표지로 관공서 등의 사무실 선반에 잔뜩 진열된 바로 그 파일이다. 고쿠요의 공식 사이트에는 "50억 권의 판매고를 올렸다"고 쓰여 있다. 이 제품은 비교적 자주 열람하는 종이 자료를 보관할 때 많이 쓰인다. 또는 일정 기간 열람하다가 이후 장기 보관되는 서류에 사용할 수도 있다.

+ 4공 바인더

겉모양은 2공 바인더와 같은데 구멍이 4개다. 유럽에서 때때로 볼 수 있는 규격인데 무인양품에서도 4공 바인더를 취급하는 걸 보면 유럽 외에서도 얼마간 수요가 있는 것 같다. 나 역시 4공 관련 제품을 판매하고 있는데 외국계 기업의 자료실, 병원, 일부 교육기관 등에서 사용된다는 사실을 알았다.

구멍은 80mm 간격으로 4개 뚫려 있다. 그 구멍 중 안쪽 2개는 앞서 소개한 2공 바인더와 같으므로 4공 바인더에 끼워 넣을 수 있는 서류는 2공 바인더에도 끼워 넣을 수 있다. 구멍이 많아 용지가 쉽게 찢어지는 일이 덜 발생하고 페이지를 넘기기 편하며 자료 등을 풀로 붙여 놓은 무거운 용지를 철해도 4개의 링이 튼튼하게 유지해 주는 등 여러 가지 이점이 있다. 구멍을 뚫을 때는 2공 펀치보다 큰 '4공 펀치'를 사용한다. 바인더에 철할 용지에는 모두 4공을 뚫어 두면 2공 바인더와의 호환성도 생긴다.

+ KEBA 파일

스웨덴의 KEBA라는 회사가 제조하는 2공 또는 4공 바인더의 상품명이다. 2공이나 4공 바인더 대부분은 용지의 출납이 번거로워 한 번 철하면 그대로 장기 보관할 계획으로 사용한다. 그런데 KEBA 파일은 레버를 눌러서 바인더 금구를 열었다 닫았다 할 수 있어 용지 출납이 비교적 수월하다.

예를 들어 외부 거래처를 돌아다니는 영업사원이 2공이나 4공 규격의 자료를 가지고 다닐 때 이 파일을 사용하면 편리하다. 커버가 튼튼한 수지 소재로 이루어져 있어서 내구성과 내후성도 우수하다. 나는 이것을 '액티브한 바인더'라고 부른다. 바인더 중에 이런 특징적인 제품이 있으면 파일링 운용에 재미가 생긴다.


+ 파트 파일

유럽에서는 꽤 오래전부터 쓰고 있는 파일링 용품이다. 해외 파일링 용품 전시회에서는 이 제품을 앞쪽에 나열한다. 나는 내 웹사이트를 통해 이 파트 파일의 독자적인 활용법을 알려 왔다.

파트 파일Part File은 여러 장의 두꺼운 판지를 스테이플러나 접착제로 제본한 것으로, '파트'는 파티션 즉 칸막이를 말하며 그대로 직역하면 '칸막이 종이 파일'이라는 명칭이 된다. 사용방법은 이렇다. 사전에 각각의 칸에 넣을 자료를 정한다. 보통 칸막이가 7개 또는 12개로 이루어져 있으므로 1주일 또는 12개월로 나눠 사용하는 방식을 생각할 수 있다. 월요일부터 금요일까지 발생하는 서류를 임시로 보관하거나 매달 발생하는 청구서를 넣어 둔다. 이 책에서는 파트 파일을 파일링 용품의 주역으로 보고 이를 이용한 파일링 방법을 뒤에서 다루었으니 참고하길 바란다.

해외 파트 파일은 대체로 디자인이 스타일리시해서 누구나가 사용하고 싶어지는 매력적인 외관을 자랑한다. 제조사는 프랑스의 에그저콤타Exacompta나 독일의 라이츠LEITZ, 헬리츠Herlitz 등이 있다.

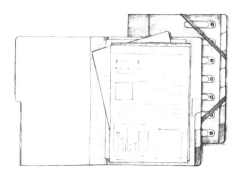

에그저콤타의 종이 소재 파일인 '멀티 파트 파일'.
서류를 효율적으로 분류하여 보관할 수 있는 편리한 제품이다.

+ 문서 스캐너

이른바 컴퓨터용 주변기기인 스캐너다. 지금까지는 스캐너라고 하면 수평으로 놓인 커다란 유리판 밑에 이미지를 읽어 들이는 센서가 있어서 서적이나 서류에서 읽어 낼 면을 아래로 가게 하여 내용을 추출하는 '평판 스캐너'가 주를 이뤘다. 요즘 나오는 제품들은 서류를 한 장씩 장치 안에 넣고 지면의 정보를 읽어 들인다. 한 뭉치의 서류 다발이나 책의 제본된 부분을 해체해 낱장 상태로 만든 것을 자동으로 한 장씩 읽어 들여 개인적으로 전자 서적을 만드는 등의 용도로 사용되고 있다.

내가 사용하는 것은 PFU의 스캔스냅ScanSnap이다. 스캔스냅은 문서 스캐너 중 세계적으로 인기가 많은 기종으로 전용 앱이나 클라우드 서비스와의 연계 시스템을 조합해서 읽어 들인 서적 데이터를 여러 가지로 활용할 수 있다.

+ 드롭박스

컴퓨터나 스마트폰에서 쓰는 이른바 클라우드 서비스 중 하나다. 구체적으로 설명하면 드롭박스는 미국 기업 Dropbox가 제공하는 온라인 스토리지를 말한다(스토리지는 메모리 즉 데이터를 보관하는 장소). 사용자는 가공의 하드디스크를 Dropbox 사에서 빌리는 셈이다. 이 스토리지는 컴퓨터상에서 인터넷으로 접속하는데, 접속하기 위한 번거로운 절차도 필요 없고 그저 컴퓨터 화면상에 나타나는 드롭박스 폴더에 파일을 넣으면 된다. 드롭박스에는 컴퓨터에서 일반적으로 사용되는 많은 형식의 파일을 넣었다 뺐다 할 수 있다. 드롭박스와 비슷한 온라인 스토리지 서비스로는 구글 드라이브나 마이크로소프트 원드라이브 등이 있다.

드롭박스의 공유 기능을 사용하면 승인을 받은 다른 사용자가 드롭박스 안의 파일에 접근할 수 있으므로 같은 파일을 여러 사람이 열람하거나 편집하는 것도 가능하다. 드롭박스는 누구나 무료로 사용할 수 있지만, 무료로는 저장할 수 있는 용량이 매우 작아 업무에 사용하려면 유료 버전도 고려해 볼 필요가 있다.

+ 슈레더

모두 아시다시피 슈레더Shredder는 문서 세단기 또는 파쇄기를 말한다. 지금은 저렴한 기종도 많이 나오고 있다. 종이 세단 형태나 파지함 용량, 세단 매수 등의 규격 차이가 있는데 적어도 스테이플러 침도 절단 가능한 기종을 고르는 것이 좋다. 최근에는 대량의 문서를 세팅해 두면 자동으로 문서를 조금씩 끌어당겨 재단하는 '자동 피드식'도 적정 가격에 나오고 있으므로 그런 기종도 고려해 볼 만하다.

+ 기밀문서 폐기 서비스

일본에서는 야마토 운수 등이 제공하는 문서 폐기 서비스다. 전용 상자를 1개 단위로 구매하여 거기에 불필요해진 기밀문서를 넣고 야마토 운수에 맡기면 지정 종이 재활용 공장에서 상자째 용해 처리해 준다. 요금은 전용 상자 1개당 소비세 포함 1,847엔으로 적당한 가격이다. 파쇄 작업에 드는 시간을 줄이고 싶은 경우에 이용하기 편리한 서비스다. 소기업을 운영하는 경우에도 문서를 안전하게 폐기할 수 있는 수단의 하나라고 할 수 있다. 이 서비스를 이용하려면 법인 또는 개인 사업주를 대상으로 한 야마토 비즈니스 멤버스에 가입해야 한다. 일본 외 나라에 거주하는 분들의 경우 '문서파쇄' 등으로 검색해 보면 알맞은 서비스를 발견할 수 있을 것이다.

지금까지 소개한 제품이나 서비스를 염두에 두고 파일링을 시작해 보면 어떨까? 딱히 고가의 제품은 없으므로 부담이 되지는 않을 것이다.

그리고 또 한 가지가 남았다. 앞으로 설명할 파일링 방법은 어디까지나 나 자신의 경험에서 비롯된 것으로, 독자 여러분에게는 직장의 사정이나 취급하는 자료의 종류에 따라 다른 방법이 좋을 수도 있다. 그 경우에는 이 책에 소개한 제품의 정보를 참고하면서 자유롭게 응용해 보기 바란다.

## 파트 파일을 사용해 서류를 '즉시 분류'

그럼 이제부터 파일링 운용 사례를 살펴보기로 하자. 글로 설명하면 번거롭게 느껴질 수도 있겠으나 실제로는 단순한 반복이다. 성격이 꼼꼼하지 못한 나도 계속할 수 있을 정도이니 안심하기 바란다.

먼저 여러분 각자가 갖고 있는 문서 가운데 밖에서 들어오는 것을 'IN' 밖으로 나가는 것을 'OUT'으로 설정한다. IN 측의 문서는 기본적으로 일단 파트 파일 안에 다 넣어 둔다. 파트 파일은 여러 칸으로 나뉘어 있으므로 각각의 칸에 제목을 붙여 준다. 예를 틀어 칸이 7개인 경우는 다음과 같이 제목을 붙일 수 있다.

1  프로젝트 A
2  프로젝트 B
3  프로젝트 C
4  아이디어, 플랜
5  개인용
6  영수증류
7  미결 / 분류 외

자신이 맡은 업무의 종류, 아이디어 스케치, 개인 서류, 출장 시 영수증 등과 같이 대략적으로 제목을 미리 붙여 두고 자신에게 들어오는 서류를 제목에 따라 집어넣는다. 그리고 이 제목은 운용 상황에 맞춰 적절하게 수정한다. 여기서 포인트는 파트 파일 마지막 칸에 '미결/분류 외'를 반드시 마련해 두는 것이다. 파일링을 하다 보면 종이든 데이터 파일이든 반드시 미결정이나 분류 외의 것이 등장하므로 항상 그것을 넣어 둘 공간을 마련하는 것이 좋다.

파트 파일을 사용하다 보면 이 미결 칸에 일시적으로 담아 두는 서류가 가장 많아질 수도 있다. 그렇다면 자주 이용하는 것을 왜 마지막 칸에 설정할까? 그 이유는 빈번하게 사용하는 것을 가장 뒤쪽에 배치함으로써 파트 파일 전체에 '물리적인 그

늘'을 만들지 않기 위해서다. 나중에 설명하겠지만, 파일 안에 손이 잘 안 가거나 잘 보이지 않는 곳이 있으면 때때로 자료의 정체 현상을 초래하기 쉽다. 사용자가 매번 파트 파일의 가장 안쪽까지 열어 봄으로써 파일 전체를 고루 볼 기회를 자연스럽게 만들어 주는 것이다.

파트 파일에 들어간 종이는 한동안 그 안에 보관된다. 사용자는 하루 중 여유가 있을 때 파트 파일 안의 문서를 확인하고 필요에 따라 그것들을 외부 파일로 이동시킨다. 예를 들어 영수증류라면 'x월의 영수증'이라는 클리어 홀더로 옮겨 주는 것이다(준비할 클리어 홀더군에 대해서도 뒤에서 설명하겠다). 이렇게 파트 파일 안에 며칠 정도 서류나 자료를 넣어 두면 그것을 다른 장소로 이동시켜야 할 것인지 또는 처분해도 될 것인지 판단이 선다. 처분해야겠다고 판단되는 것은 바로 폐기하거나 문서 세단기를 이용해 처리한다. 내가 생각하는 파트 파일의 역할은 이러하다.

만일 파트 파일이 없는 경우를 상상해 보자. IN에 해당하는 서류는 일이 바쁘다 보면 책상 한쪽 구석에 쌓아 놓게 된다. 한번 쌓아 두기 시작하면 어디에 중요한 문서가 있는지 확인하기도 힘들다. 설령 급한 문서를 위에 놓고 나머지를 아래에 놓는다는 규칙을 세운다고 해도 결국 밑에 깔린 문서는 잊혀지는 일이 많다.

나는 파트 파일을 '즉시 분류의 도구'라고 부르고 있다. IN 측의 서류를 먼저 대충 분류해서 파트 파일에 보관한다. 동시에 그 서류들을 어떻게 처분할지 판단한다. 그런 사이클을 사용

자가 특별히 의식하지 않고도 파트 파일의 도움을 얻어 되풀이
하고자 하는 의도다.

그런데 파트 파일은 마분지로 칸을 나눴을 뿐인 제품이라
여기에 영수증처럼 작은 종잇조각을 그대로 넣었다가는 옆으
로 빠져나오고 마는 경우가 있다. 그에 대한 대책으로 A4보다
작은 종이를 넣을 칸에는 클리어 홀더를 한 장 미리 끼워 두면
좋다.

## 친숙한 클리어 홀더를 활용한 보관 기술

파트 파일의 다음 단계를 살펴보기로 하자. 파트 파일에서 벗어
난 문서들은 이제 클리어 홀더로 들어가게 된다. 파트 파일에서
다음 단계로 이행하게 될 문서 대부분은 액티브한 상태, 즉 거
기에 쓰여 있는 정보의 활성도가 높은 것이다. 파트 파일과 마
찬가지로 클리어 홀더에도 제목을 붙여서 준비한다. 클리어 홀
더에 붙일 제목의 예는 다음과 같다.

+ 프로젝트 A
+ 프로젝트 B
+ 프로젝트 C
+ 기재가 필요한 처리 서류
+ 주문서

- 납품서(1~12월, 총 12장)
- 청구서(1~12월, 총 12장)
- 계산서, 간이영수증(1~12월, 총 12장)
- 신용카드 영수증
- 카탈로그, 팸플릿
- 초대장
- 아이디어, 플랜
- 제품 보증서, 사용설명서
- 스캔 대기
- 미결
  ⋮

이것만으로도 무려 50여 장에 가까운데 실제로는 더 많아질 것이다. 이들 클리어 홀더군을 무인양품의 스탠드 파일박스에 나열해 세워 둔다.

클리어 홀더와 스탠드 파일박스를 이용한 수납에는 장점이 있다. 첫째는 종이에 구멍을 뚫지 않아도 된다는 점이다. A4 20매로 정리된 문서 등도 구멍을 뚫어 철하기보다 스테이플러나 클립 집게로 가철해서 클리어 홀더에 넣어 두면 수고를 줄일 수 있다. 게다가 철을 해야 할 것인지 스캔할 것인지 정해지지 않은 경우는 더더욱 그렇다. 문서를 철하기 위한 구멍을 뚫는 것은 정말로 필요한 상황일 때 하면 된다.

두 번째 장점은 열람성과 접근성이 높다는 것이다. 투명한 홀더 덕분에 내용물을 바로 확인할 수 있다. 액티브한 업무 서

자기 손에 들어오는 문서 중 취할 것은 취하고
버릴 것은 버리면서 파일링을 해 나가는 '퍼스널 파일링'
기술의 예. 여러분도 한번 도식화해 보기 바란다.

류를 겉에서도 잘 보이는 상태로 두는 것은 앞에서 서술한 것처럼 파일에 그늘을 만들지 말자는 판단에 따른 것이다.

커다란 봉투같이 겉에서 내용물이 안 보이는 곳에 서류를 넣어 버리면 활성도를 떨어뜨리게 되므로 주의가 필요하다. 물론 문서 일부가 노출된 상태로 수납 선반에 나열되면 외관상 썩 좋지는 않지만, 스타일에 민감한 나조차도 오랜 경험을 통해 '겉에서 보이고 바로 꺼낼 수 있는' 이점은 이길 수 없다고 생각한다.

제6장

186

세 번째는 자료 보관 형태의 통일화다. 지금까지 많은 사람이 종이 자료의 단기, 중기, 장기 보관 방법에 대해서 연구하고 궁리해 왔다. 종이 자료는 열람이나 내용 수정의 용이성, 보관 장소나 기간, 비용 등의 균형을 생각하면서 보관 형태를 달리한다. 장기 보관의 경우 현재는 자료를 가능한 한 전자파일화함으로써 종이 서류를 최소한으로 줄일 수 있다. 여기서 단기, 중기 보관 자료를 클리어 홀더 방식으로 통일하게 되면 자료의 보관 기간에 따라 보관 방식을 달리하는 수고를 덜 수 있어서 좋다.

설명의 앞뒤가 뒤바뀐 느낌이 있는데, 이번에는 클리어 홀더에 인덱스 붙이는 방법에 관해서 소개하겠다. 나는 카모이 가공지KAMOI KAKOSHI Co.,LTD.에서 생산하는 마스킹 테이프를 이용한다. 카모이는 지금 세계적으로 대히트를 기록하고 있는 마스킹 테이프 'mt'의 제조사다. 인덱스로 쓸 테이프는 대형 문구점에서 살 수 있는 백색 무지로 구매한다. 이것을 5cm 길이로 잘라 클리어 홀더를 세워 놓았을 때 곁에서 보이는 부분에 붙인다. 이때 사용하는 필기구는 가는 펜촉의 유성펜이 좋다.

주의할 점은 테이프 색깔이나 글자 색깔을 쭉 통일하는 것이다. 테이프는 처음에 흰색을 사용했다면 쭉 흰색, 글자는 검은색이라면 쭉 검은색으로 모든 클리어 홀더를 통일한다. 서류와 클리어 홀더 세트는 앞으로 중요도나 보관 기간 등이 바뀔 수도 있으며, 파일박스 사이를 종횡무진할 가능성도 있다. 자료의 종류나 중요도 등에 따라 안이하게 색깔을 구별해서 사용했다가는 나중에 자료를 옮기거나 정리할 때 예상치 못한 수

187

고가 발생한다. 굳이 색깔로 구분하지 않아도 글자만으로 충분히 식별할 수 있다. 또한, 직접 글씨 쓰는 것을 싫어하거나 손글씨가 단정치 못해 보인다면 킹짐의 테프라TEPRA같은 라벨프린터를 사용하면 편리하다.

지금까지 파트 파일, 그리고 클리어 홀더와 스탠드 파일박스를 이용하여 액티브한(정보의 활성도가 높은) 서류를 파일링하는 핵심적인 방법을 설명했다. 이중 클리어 홀더를 사용하는 부분은 서구에서 오래전부터 실시해 온 행잉 파일 홀더 방식에 준한 것으로, 그보다 저렴한 비용으로 실현하는 법이다. 게다가 행잉 파일 홀더보다 문서 열람성이 높다는 이점도 추가된다.

이 핵심의 주위를 에워싼 것이 서류의 장기 보관에 대한 고민이다. 한동안 클리어 홀더 상태로 보관되었던 서류를 시기적절하게 처분할 것인지 장기 보관 상태로 이행시킬 것인지, 그도 아니면 클리어 홀더 상태로 둘 것인지 세 가지 중 하나를 선택한다. 장기 보관이 결정되면 그 자료에 2개 또는 4개의 구멍을 뚫어 바인더로 옮기거나 문서 스캐너로 데이터화한다.

이때 특히 종이 상태로 보관하는 문서의 기준을 엄격하게 설정하여 사무실 안에 두는 종이의 총량을 줄이려는 노력을 하는 게 좋다. 판단의 기준은 법적으로 종이 보관이 지정된 것인지, 전자 데이터가 아니라 종이로 보관하지 않으면 곤란한 것인지 등이다.

## 페이퍼리스를 실현하는 문서 스캐너

아시는 바와 같이 지금은 대부분의 기업에서 업무 관리 소프트웨어를 활용해 일하고 있으며 자료 송수신도 전자화된 파일인 경우가 많다. 종이 서류를 데이터화하는 경우도 당연히 생길 테니 여기서 간단히 한마디 해 두고자 한다. 전자기기는 시간이 지남에 따라 계속해서 신제품이 나오고 새로운 방법이 등장하므로 어디까지나 현시점에서의 방법이다.

종이 서류를 데이터 파일로 만드는 익숙한 방법으로는 두세 가지가 있다. 가장 간단한 것은 스마트폰 카메라로 촬영하는 것이다. 서류를 정면에서 그대로 촬영하여 JPEG 형식으로 저장한다. "새삼스럽게 뭐 이런 당연한 얘기를?" 싶겠지만 잘만 쓰면 비즈니스의 노하우가 된다. 출장지에서 일하다 보면 상대방을 기다리게 하지 않고 전표나 자료를 우선 사진에 담고 싶은 순간이 의외로 많다.

다음은 스마트폰 OS에 기본적으로 갖춰진, 또는 모바일 앱으로 나온 스캐너 기능이다. 스마트폰 카메라로 문서를 촬영하면 데이터가 PDF 형식으로 저장된다. 문서를 살짝 비스듬하게 찍어도 바로잡아 주는 기능을 지닌 것도 있다. 스마트폰 카메라의 성능이 좋아져서 이 방법으로도 깔끔한 PDF 문서를 얻을 수 있다. 다만 스캔은 한 장씩 직접 해야 하므로 작업 효율이 썩 높지는 않다.

마지막은 문서 스캔에 특화된 '문서 스캐너'를 쓰는 방법이다. 문서 스캐너는 처음 구매할 때 비용이 들긴 하겠지만 적절한 기종을 선택해서 효율적으로 사용한다면 큰 효과를 기대할 수 있다.

내가 현재 사용하고 있는 문서 스캐너는 PFU의 '스캔스냅' 시리즈로 하나는 소형 본체에 내장 충전지로도 작동하는 iX 100이고 또 하나는 상위 모델인 iX 500이다. 출장 등의 상황으로 휴대할 필요가 없거나 업무에 제대로 사용하고자 한다면 iX 500을 추천한다. iX 500은 여러 장의 용지를 세팅하면 양면 자동 스캔을 해준다. A4 문서에서부터 엽서, 명함, 종이보다 두꺼운 수지 소재 카드에 이르기까지 컬러와 모노톤을 불문하고 자유자재로 데이터화할 수 있다.

스캔스냅의 장점은 더 있다. PFU가 스캔스냅 사용자에게 무상으로 제공하는 클라우드 서비스인 '스캔스냅 클라우드'를 함께 쓰면 무척 편리하다. 스캔스냅으로 읽어 들인 데이터를 클라우드 서버에 전송해 준다. 명함 데이터를 명함 관리 서비스로, 영수증을 회계 서비스로, 문서나 사진을 온라인 스토리지로, 스캔스냅이 읽어 들인 문서의 종류를 자동으로 판별하여 각각의 수신지를 구별해 주는 것이다(수신지는 설정 등록으로 변경할 수 있다).

스캔스냅은 한번 등록해 두면 특정 컴퓨터와 연결할 필요 없이 WiFi로 클라우드 서비스에 스캔한 데이터를 보낼 수 있다. 그래서 내 사무실에서는 스캔스냅을 컴퓨터와 떨어진 자리에 놓아 두고 있다. 옆에는 갑 티슈가 놓여 있다. 종이를 넣는 일과 꺼내는 일이 사이좋게 나란히 놓여 있는 셈이다.

스캔을 마친 데이터, 특히 PDF 데이터를 어디에 어떻게 파일링할 것인지는 예전부터 사람마다 의견이 분분했다. 현시점에서 나는 개인 컴퓨터에 저장하거나 드롭박스에 보내 둔다. 드롭박스의 이점은 독자적인 사용자 인터페이스를 사용자에게 강요하는 일 없이 단순한 외부 스토리지처럼 동작하여 편안하게 사용할 수 있다는 점이다.

개인 컴퓨터에서 데이터의 파일링을 위한 팁이라면 컴퓨터 속 폴더를 계층화시켜 관리하는 정도가 아닐까 싶다. 예를 들어 프로젝트 A에서 C까지가 있고 프로젝트별로 도면, 회의록, 데이터북이 존재한다면 각각의 프로젝트 폴더 밑에 도면, 회의록, 데이터북이라는 세 가지 폴더를 만든다. 필요에 따라 연도별로 분류한 폴더도 병용할 수 있다. 원하는 자료를 찾을 때는 연도나 프로젝트 등의 상위 폴더에서 찾으면 되는 것이다. 내 경우에는 폴더를 상당히 세분화시켜 저장 공간 내 폴더의 개수가 꽤 많은 편이다. 그래서 상위 폴더에서부터 찾아 내려가는 행위 자체가 키워드 검색과 비슷하여 원하는 데이터를 정확히 찾아 내기 쉽다.

데이터 파일명은 자료를 주고받을 상대방의 명칭 등을 토대로 두세 글자의 약칭과 더불어 연월일, 버전명 등을 넣은 이름을 사용한다. 그러고 보니 나는 폴더 만들기와 파일명 만들기를 특히 좋아하는 것 같다.

이 방식을 잘 운용하는 비결은 새로운 데이터가 생기면 바로 자신의 규칙에 따른 파일명으로 바꿔 해당하는 폴더에 넣는 것이다. 이런 수고를 마다하면 데이터 파일링은 시간이 갈수록 수습이 어려워지게 된다.

# 페이퍼리스 시대에 중요한 파일링

지금까지 몇 가지 편리한 용품과 더불어 퍼스널 파일링 방법에 관해서 설명해 보았다. 소개한 내용은 어디까지나 파일링을 운용하는 하나의 방법일 뿐이므로 자신의 업무 성격과 직장에 있는 설비, 기존 파일링 규칙 등과 비교하면서 참고할 만한 것이 있다면 도입해 보기를 바란다. 파트 파일에 클리어 홀더를 조합한 방식은 회사 단위로 도입하지 않더라도 개인적으로 실시할 수 있으므로 흥미가 있다면 한번 시도해 보자.

이번 장을 읽고 "세상은 페이퍼리스를 외치고 있는데 웬 종이 파일링에 대한 설명인가?"라는 의문을 가졌을지도 모르겠다. 당연한 지적이지만 페이퍼리스의 실현을 외치는 지금도 여전히 상당한 양의 종이가 쓰이고 있는 것 또한 사실이다. 이런 점을 인식하며 "페이퍼리스를 지향하는 가운데서도 생겨나는 종이라면 매우 중요한 것이 아닐까? 그렇다면 이 종이를 더욱 소중히 다뤄 보자."라는 관점에서 여러 기법을 설명해 봤다. 서류 더미에서 정말로 중요한 정보를 가능한 한 빨리 찾아내어 다음 단계로 넘어가는 방법이라고 이해해 주길 바란다.

또 "스탠드 파일박스는 어느 정도 준비하면 좋은가?"라는 질문도 종종 받는데, 나는 예상하는 필요 수량보다 많이 갖춰 두는 것이 좋다고 생각한다. 서류가 쌓이는 것은 순식간이라 파일링 운용에 곧바로 영향을 미친다. 넘쳐 나는 서류의 갈 곳을 염려하는 불필요한 수고를 줄이기 위해서라도 항상 예비 파일박스를 준비해 두는 것이 좋다. 이왕이면 클리어 홀더도 많이 준비하자.

　여러 가지를 설명했지만 파일링이란 결국 이번 장 초반에서 서술한 것처럼 '서류를 정리하는 일'이라고 단순하게 설명할 수 있다. 어렵게 생각하지 말고 계속 실행할 수 있는 간단한 방법을 찾으면서 파일링을 시도해 보면 좋겠다.

7

정리, 정돈,

데스크 액세서리

## '데스크 액세서리'라는 범주

지금은 아이폰이나 아이패드로 명성을 떨치는 미국의 애플은 원래는 컴퓨터 제조사로 시작했다. 현재도 이어지는 컴퓨터 시리즈 매킨토시(통칭 맥)의 초기 모델은 컬러 구현도 되지 않는 작은 브라운관 모니터를 갖춘 것으로 현재의 기종과 비교하면 실로 소박한 기계였다.

그 맥에 탑재되었던 초기 OS에는 '데스크 액세서리'라는 항목이 존재했다. 당시 맥은 화면을 데스크로 간주하고 거기서 워드프로세서 등 여러 프로그램 중에서 어느 하나만을 실행할 수 있었다. 하지만 그 프로그램이 실행 중이어도 데스크 액세서리라고 불렸던 계산기나 노트패드, 시계, 퍼즐 게임과 같은 기본적인 앱은 불러내서 사용할 수 있었다.

나는 그 무렵 맥을 사용하면서부터 책상 위에 두는 소품류는 모두 데스크 액세서리라 부른다고 완전히 믿고 있었다. 하지만 신기하게도 이 표현은 세상에는 그다지 알려지지 않은 듯했다. 이 책을 집필하면서 '과연 나만의 생각이었을까?' 확인하기 위해 해외 웹사이트를 찾아본 결과 펜꽂이, 펜 트레이, 스테이플러, 테이프 디스펜서와 같은 소품이 데스크 액세서리라는 타이틀로 범주화되어 있어 왠지 안심했다. 문구 안에는 필기구, 노트, 수첩 등의 종류가 있는데 스테이플러나 테이프 디스펜서처럼 '책상 위에 두는 소품'을 통칭하는 적절한 용어가 없어서 항상 불편했다. 이러한 물건에 데스크 액세서리라는 명칭을 붙이면 원만히 해결되는 느낌이 든다.

이 책에서도 이러한 상품군을 데스크 액세서리라고 정의하여 설명하려 한다. 내가 생각하는 데스크 액세서리의 대상은 문구에만 한정된 것이 아니라 업무를 수행하는 데 필요한 도구 전반, 파일링 용품, 수납 용품 등도 포함한다. 이번 장에서는 '책상 위에 모여 있는 문구들'이라는 카테고리로 묶어 잡다한 화제도 섞어 가면서 몇 가지 제품을 살펴보고자 한다.

## 사무실의 종이 수요는 시들지 않는다

사무실 책상이라고 하면 맨 먼저 컴퓨터 모니터가 중심에 자리 잡은 광경이 떠오른다. PC가 있느냐 없느냐에 따라 책상 위 공간의 레이아웃에서부터 사용감에 이르기까지 모든 것이 달라진다. 더불어 그것이 노트북 컴퓨터인지 데스크톱 컴퓨터인지에 따라서도 차이가 있다.

예전의 책상 풍경은 각종 문서와 도면, 파일이 잔뜩 쌓여 있고 펜꽂이와 큼지막한 전화기가 놓여 있는 모습이었다. 그런데 지금은 업무 대부분이 컴퓨터로 이루어지며 도면마저도 전자 파일이 당연시되고 있다. 자료는 컴퓨터 하드디스크나 서버 안에 보관되어 있으며 서류의 송수신은 이메일이 담당한다.

그런데 신기하게도 여러 통계 자료나 기사(일본 내)를 보면 사무용지의 사용량에 큰 감소는 보이지 않는 상황이다. 업무에서는 검토나 보관 등을 위해 아직도 종이의 수요가 뿌리 깊이 남아 있음을 알 수 있다. 물론 우리 회사에서도 변함없이 매달 사무용지를 구매한다.

서론이 다소 길어졌는데 이와 같은 맥락에서 "대개 책상 한 가운데를 컴퓨터 모니터와 키보드가 차지하고 있지만, 여전히 어느 정도는 종이가 사용되고 있다."라는 것을 전제로 이야기를 풀어 나가 보겠다.

업무의 중심은 의심할 것 없이 컴퓨터지만, 종이 문서를 지원하는 데스크 액세서리는 지금도 건재하다. 필기구, 메모지, 가위, 테이프, 그리고 문서를 한데 묶어 주는 파일이나 바인더 종류도 있다. 또 펜꽂이, 레터 트레이, 파일박스 등이나 문서 수납 용품도 데스크 액세서리에 속한다. 게다가 소규모 사무실일 경우 책상 공간을 차지하는 물건은 더 자유롭고 다양해서 스피커나 헤드폰, 카메라, 화장품에서 헬스케어 용품에 이르기까지 딱히 제한이 없다고 생각한다.

그럼 이제부터 데스크 액세서리 중 먼저 문서 취급과 관련된 것들을 살펴보기로 하자.

## 쌓여만 가는 서류를 해결하자

컴퓨터가 놓인 책상에서 여러 장의 문서를 확인하거나 뭔가를 쓰려면 다소 불편하다. 넓고 평평한 공간을 확보하기 힘들어 문서를 부담 없이 늘어놓을 수가 없다. 키보드를 치우면 그나마 조금 낫지만, 컴퓨터 작업을 함께 해야 할 때도 있기 마련이다.

나는 이런 경우에는 '종이를 낱장 상태로 두지 않는다'는 규칙을 정해서 대처하고 있다. A4 크기의 문서가 달랑 한 장뿐이면 팔랑거려서 읽을 때나 글을 쓸 때나 신경이 쓰이고 또 어딘가에 섞여 들어갈 가능성도 있다. 만일 읽기만 할 문서라면 클리어 홀더에 넣고, 뭔가를 기재해야 한다면 가벼운 클립보드에 끼워 두고 읽거나 쓸 때 꺼냈다가 끝나면 책상 왼편에 세워 둔다. 결과적으로 한 장의 얇은 종이라도 쉽고 확실하게 처리할 수 있으므로 추천하고 싶은 방법이다. 여러 장의 문서라면 종이 다발이라 나름 묵직해서 그대로 취급할 수 있다. 다만 이 경우에도 슬라이드 클립 등을 사용해 일시적으로 고정해 놓기는 한다.

반복적으로 참고하는 자료일 경우는 구멍을 뚫어 2공이나 4공 바인더에 끼워 넣는다. 바인더에 끼워 넣은 문서는 클립보드에 끼웠을 때와 마찬가지로 손에 들고 읽기도 좋고 뭔가를 써넣기도 편리하다.

파일링에 관한 전반적인 내용은 제6장에서 소개한 바와 같은데, 나도 모르는 사이에 점점 늘어만 가는 문서라도 이처럼 세세하게 처리하는 습관을 들이다 보면 어렵지 않게 다룰 수 있다.

# 종이를 철하는 명 플레이어들

종이를 철하는 방법에 대해서 조금 깊이 파고들어 보자. 예전에는 몇 종류의 클립과 스테이플러가 고작이었는데 지금은 종류가 너무 많아 선택이 쉽지 않을 정도다. 철할 분량이나 상황, 업무 매너도 포함해서 알기 쉽게 정리해 보겠다.

가장 흔한 것으로는 스테이플러가 있다. 남에게 전달할 필요가 없는 문서라면 나는 두 장뿐이라고 해도 스테이플러로 고정한다. 스테이플러의 장점은 심을 손쉽게 제거할 수 있다는 점이다. 업무에 중요한 문서가 여기저기 흩어져 있으면 신경이 쓰이므로 안심할 수 있도록 스테이플러를 사용해 문서를 고정해 버리는 편이다. 그때 찰칵하고 찍히는 스테이플러의 소리도 괜히 좋다.

물론 직장에 따라서는 스테이플러 침을 처리하는 문제나 파쇄기 칼날이 상한다는 등의 이유로 스테이플러 사용을 피하는 곳이 있을 수도 있겠지만, 실제로는 침이 있는 용지라도 재활용상의 문제는 없으며 업무용 파쇄기의 대부분은 침까지 처리할 수 있다.

다른 사람에게 전달할 문서라면 나는 상대방이 문서 스캐너를 사용할 가능성을 고려해서 스테이플러를 사용하지 않는다. 대신에 클리어 홀더에 넣어서 건네거나 슬라이드 클립을 사용하기도 한다.

다른 사람에게 전할 문서가 아니어도 다섯 장 이상이면 슬라이드 클립을 사용한다. 슬라이드 클립은 오토OHTO 주식회사의 제품이다. 여러 차례 사용할 수 있는 튼튼한 것으로 상당량의 용지를 단단히 고정할 수 있다. 이것으로 고정한 문서 다발을 겹쳐 놓으면 측면에 클립 날이 보여서 문서별로 식별 가능한 표시를 달아 둘 수도 있다.

용지가 상하지 않도록 임시 고정한 상태가 되므로 문서를 일시적으로 분류하는 데도 편리하다. 예를 들어 문서 다발에 내용을 식별하는 태그나 붙임쪽지를 슬라이드 클립으로 고정하여 같은 봉투 속에 넣어서 보내는 식으로도 사용할 수 있다.

한편, 최근에는 적당한 가격에 구매할 수 있는 철심 없는 고성능 스테이플러도 있다. 문서 일부를 특수한 기구로 잘라 내어 용지를 서로 맞물리게 고정하는 방법으로 철심을 대신한다. 제본할 수 있는 최대 매수나 강도는 일반 스테이플러에 뒤지지 않으면서도 종이만으로 제본할 수 있다는 점에서 친환경을 지향하는 사용자들에게 호평을 받고 있다.

제본 성능은 말할 것도 없거니와 깔끔한 외관까지 겸비한 제품으로 고쿠요의 철심이 필요 없는 스테이플러 '하리낙스 SLN-MSH110'이 있다. 경쾌한 핸들 조작으로 10매까지 용지를 고정할 수 있고 투명한 몸체를 통해 고정하는 과정을 들여다볼 수도 있다. 나는 주변에 남는 용지로 그날그날 사용할 메모장을 만들기 위해 하리낙스를 즐겨 사용한다.

만일 문서 스캐너를 사용해야 하는데 상대방이 스테이플러로 고정한 서류를 보내왔다고 해도 문제없다. 철심이나 고정된 부분을 비스듬히 잘라 내면 그만이다. 철심을 제거하는 제침기라는 제품도 있지만 잘라 내는 편이 간단하다.

문서가 20매 이상이면 구멍을 2개 뚫어서 바인더에 철하는 방법도 있다. 지금은 40매 정도는 거뜬히 철할 수 있는 스테이플러도 있는데 그 정도로 매수가 많다면 바인더를 사용하는 편이 열람하기도 좋고 뭔가를 적어 넣기도 편하며 여러 차례 종잇장을 넘겨 보는 사이에 서류가 손상될 가능성도 최소한으로 줄일 수 있다.

고정 방법이 다양해진 덕분에 선택지도 늘었다. 매수, 중량, 열람성, 다른 사람과 주고받을 것인지 등을 토대로 자신의 규칙 혹은 직장 내의 규칙을 정해 두는 것도 방법이다.

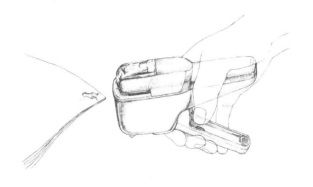

철심을 사용하지 않고 문서를 철할 수 있는 고쿠요의 하리낙스.
조작이 간단한데도 의외로 튼튼하게 철할 수 있다.
친환경 제품으로 사용자의 만족도도 높다.

## 업무용으로는 커다란 가위를 사용한다

사무실 책상에서 업무를 볼 때 '제본'과 동등한 정도로 중요한 '절단'과 '접착' 역할을 하는 데스크 액세서리에 대해서 잠깐 언급해 보겠다.

사무실에는 매일같이 우편물이 들어온다. 초대장이나 청구서가 들어 있는 정형 서류 봉투뿐 아니라, 비즈니스와 관련된 자료집이나 상품 카탈로그와 같은 커다란 봉투가 배달되는 경우도 적지 않다. 레터 팩[일본 우체국에서 발행하는 특정 봉투를 사용한 우편물을 말함]과 같은 두꺼운 판지 소재의 패키지도 증가하고 있다. 요즘에는 봉투 개봉 도구도 나와 편리하지만, 종이 종류를 가리지 않고 부담 없이 사용하기에는 역시 가위만 한 게 없다.

인터넷에서 사무용 가위라는 키워드로 검색해 보면 날의 길이가 7~8cm 정도인 소형 모델이 많이 보인다. 나도 처음에는 아무 생각 없이 날 길이 7cm의 가위를 사용했다. 그런데 어느 날 조금 더 큰 가위가 필요하게 되어 9cm 날의 모델을 사용해 봤는데 이거 하나만 있으면 충분히 여러 용도로 쓸 수 있을 것 같았다.

왜 큰 가위가 좋을까? 첫째는 한 번에 길게 자를 수 있으므로 커다란 봉투도 단번에 개봉할 수 있다. 둘째는 날이 큰 만큼 손잡이 부분도 커서 날 앞쪽까지 힘을 줄 수가 있으므로 두꺼운 판지도 쉽게 자를 수 있다. 그리고 날이 크면 더불어 두께도 두꺼워지기 때문에 자를 때의 손맛도 좋다. 재미있는 점은 두꺼운 날은 판지 등을 자를 때 용이하기도 하지만 얇은 종이를 자를 때도 느낌이 좋다는 것이다.

그뿐이 아니다. 크고 두꺼운 날은 가위 자체의 무게도 커지므로 절단하는 대상물에 영향을 받지 않고 똑바로 자를 수 있는데, 바로 에어캡(일명 뽁뽁이로 불리는 비닐 포장재)을 자를 때 제대로 실감할 수 있을 것이다.

포장용으로 사용하는 거대한 롤 상태의 에어캡은 폭이 60cm 정도다. 이처럼 폭이 넓고 표면이 올록볼록한 에어캡도 거침없이 자를 수 있다. 이때의 기분을 느끼고 나면 큼직한 가위를 손에서 놓을 수 없게 된다. 적어도 가위만큼은 큰 것이 활용도가 더 높다고 하겠다. 다시 말해 가위는 펜꽂이 크기에 맞춰서 사는 것이 아니라는 얘기다.

내가 사용하는 가위는 피스카스FISKARS라는 회사의 제품이다. 피스카스는 1649년에 창업한 핀란드의 가위 제조사로 1960년대에는 회사의 상징 컬러이기도 한 오렌지색 손잡이에 양질의 스테인리스 날을 갖춘, 지금도 여전히 사랑받고 있는 모델을 개발했다. 실제 제품 생산국은 다양한데, 칼날에 'FINLAND'라고 새겨진 것이라면 품질은 보증된다.

이 제조사의 제품을 처음 접한 것은 1990년대였다. 만듦새나 사용감이 마음에 들어 애용했는데 인연이 되려고 그랬는지 2002년경 피스카스 제품을 일본으로 수입하는 무역상사 사장님의 제안으로 지금은 신기하게도 피스카스 제품을 판매하는 입장이 되었다. 결과적으로 자사에서 취급하는 상품을 광고하는 셈이 되었으나 정말로 내 마음에 쏙 드는 물건이라 그러니 이해해 주시길 바란다.

피스카스의 가위는 외관이 비슷해도 생산국이나 수지 소재 등 세부 사양의 차이에 따라 종류가 다양하다. 이 책의 맨 앞부분에서 선보인 사진의 모델은 앞서 서술한 대형 칼날을 갖춘 핀란드제 피스카스다. 이 모델은 패키지에 클래식이라는 명칭이 붙어 있는 만큼 오래전부터 만들어 온 제품이다. 손잡이가 경질 수지로 되어 있어서 오랜 시간 사용해도 외관이 변질되지 않고 또 가위 날이 움직일 때의 섬세한 감각이 손가락에 직접 전달되는 것도 나로서는 좋아하는 포인트다.

피스카스 외에도 잘 잘리고 녹이 잘 슬지 않는 스테인리스 날의 가위는 많은 업체에서 만들어 내고 있다. 하야시 하모노 주식회사Hayashi Cutlery Co.,Ltd. 브랜드인 'ALLEX'의 사무용 가

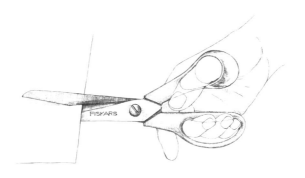

오렌지색 손잡이가 특징인 피스카스의 가위. 두꺼운 종이도
힘들이지 않고 가볍게 싹둑 자를 수 있고,
얇은 종이도 위아래 날이 잘 맞물리면서 확실하게 잘린다.

위 시리즈는 품질이 좋기로 유명하고 디자인도 뛰어나다. 수입 제품으로는 독일의 'Dahle'가 구하기 쉽고 도구로서의 확실한 장점을 갖추고 있다. 그 밖에 자재 매장에 가면 국내의 날붙이 제조사가 직접 도매하거나 또는 문구 제조 이외의 유통 경로를 통해 들어오는 가위를 만날 수 있다.

가위는 구성 부품의 수가 적고 단순한 형태인 만큼 치수와 중량, 소재, 마감과 같은 작은 차이가 사용감과 직결되는, 그야말로 업무 도구라고 할 수 있는 문구다. 제조사의 인지도에 휘둘리지 말고 최선의 제품을 찾아보기 바란다.

## 계속 진화하는 '풀테이프'

업무할 때의 '접착' 작업과 관련해서 이번에는 풀테이프라는 비교적 새로운 유형의 문구를 소개할까 한다. 접착과 관련한 것이라고 하면 풀(접착제), 셀로판테이프, 양면테이프 등을 들 수 있다. 각각 모두 편리하게 사용하는 것들이지만, 다음과 같은 불만도 있을 것 같다.

+ 풀: 손재주가 없는 사람은 풀칠이 서툴러 깔끔하게 마무리하지 못하는 경우가 있다, 건조 시간이 필요하다, 종이가 풀의 습기 때문에 쪼글쪼글해진다.

+ 셀로판테이프: 고객이나 거래처에 보내는 서류에 사용할 경우 미관상 좋지 않다.

+ 양면테이프: 박리지(점착면을 보호하기 위한 종이)를 떼어야 하는 수고스러움이 있다, 손에 달라붙어 잘 떨어지지 않는다.

풀테이프는 이러한 결점을 잘 피해 간 이상적인 접착 계열 상품이라고 생각한다. 내가 처음으로 "이게 바로 풀테이프구나!"하고 인식한 제품은 1970년대에 소니 케미컬(당시의 사명)이 개발한 '원투 스폿'이라는 상품이다. 롤 형태로 말린 가는 양면테이프가 하늘색의 투명한 수지 소재 디스펜서 안에 들어가 있었는데, 부착하고자 하는 용지에 디스펜서를 갖다 대고 누르면서 앞으로 당기면 분홍색 점착제가 종이 면에 붙는 한편 박리지는 디스펜서 위쪽으로 쑥쑥 배출되는 구조였다. 그리고 박리지는 그때그때 사용자가 잘라서 버려야 했다.

당시 TV 광고에도 자주 등장했는데 '풀이 테이프가 되었대요, 원투 스폿'이라는 멜로디가 흘러나왔으니 풀테이프의 원조임에 틀림이 없다고 본다. 그다음에 만난 풀테이프는 만년필로 유명한 펠리칸의 제품 '롤 픽스'다. 검색해 보니 1990년에 TV 광고를 했던 사실을 확인할 수 있었다. 디스펜서 안에 사용 전인 풀테이프를 내보내는 릴과 사용 후에 박리지를 감아 내는 릴 두 가지가 내장되어 있고, 게다가 릴 부분은 카트리지 교환식으로 되어 있어 지금의 풀테이프의 구조와 동일했다(단 디스펜서가 편의점 삼각김밥 정도로 컸던 점을 제외하고). 그 후에도 수입산 풀테이프는 계속 판매되고 있었다.

점착제의 개량도 이루어졌다. 한 면에 점착제가 가득 발린 테이프는 잘 잘리지 않는다는 불편함이 있어 사전에 블록 상태로 커팅해 놓은 제품(피스카스)이나 점착제를 점점이 나열한 도트 타입(미국의 Zylon이나 독일의 Hellma) 등도 일찌감치 등장했다.

일본에서 풀테이프가 일반적인 제품이 된 것은 2000년경이다. 내가 운영하는 웹사이트의 2001년도 기사에 톰보와 플러스의 제품을 소개하는 내용이 있다. 일본 제조사는 풀테이프의 소형화, 점착제의 최적화, 사용감이나 동작의 안정성 향상, 카트리지의 고효율화, 가격의 저감 등 여러 측면을 고려했다. 또한 대규모 생산 설비를 갖추고 각 용도에 맞는 폭넓은 라인업을 구축하여 편리한 사용감을 위한 다양한 아이디어를 담는 등 각사의 개발 노력은 가히 놀랄 만하다. 일본의 문구가 널리 사랑받는 이유를 이 작은 풀테이프를 통해 느낄 수 있다.

그렇다면 최신 풀테이프는 앞에서 서술한 각종 접착 계열 상품의 결점을 해결했을까?

먼저 건조 시간이 걸리지 않고 원하는 부분에만 깔끔하게 접착제를 바를 수 있다. 종이에 습기가 차는 일이 없고 일반 풀과 마찬가지로 겉에서 보이지 않는 면을 접착하기 때문에 봉투에 사용하는 경우에도 외관을 훼손하지 않는다. 그리고 접착에서 박리지(현재는 얇은 필름 소재) 회수까지 모든 단계가 디스펜서 내부에서 완결되며 점착력도 매우 강하다.

유일한 결점이라면 가격이다. 카트리지 1개에 10~16m 정도의 풀테이프가 들어 있는데 스틱 타입의 풀과 비교하면 양에 비해 가격이 비싸다. 이것도 조금씩 개선되고는 있는데 그래도 신경이 쓰인다면 약간의 비법이 있다. 테이프를 연속해서 바르지 말고 조금씩 틈을 두면 그만큼 사용량을 줄일 수 있다.

풀테이프는 각종 문구 중에서는 그 가짓수가 적은 편이다. 현재 진행형으로 많은 제조사에서 개량을 거듭하고 있는 제품이다. 새로운 모델이 나올 때마다 기능이나 성능이 크게 진화한다. 과거에 주먹밥만큼이나 크기가 컸던 제품이 제조사들의 오랜 노력을 거쳐 이렇게까지 성장했구나 싶은 생각에 감개가 무량하다.

추천하는 풀테이프로는 플러스PLUS의 최신 모델 '노리노프로'를 들겠다. 먼저 이 제품은 콤팩트한 본체에 22m로 긴 테이프 카트리지를 갖추고 있다. 본체 측면에 있는 푸시 버튼을 누르면 놀랄 만큼 경쾌하게 선단 부분의 뚜껑이 열린다. 슬라이드 레버에서 쓱 나타나는 가이드라인을 의식하며 사용하면 종이에 똑바로 풀을 바를 수 있다. 그리고 풀테이프를 내보내는 선단 롤러의 접착제 찌꺼기를 제거하는 '클린 롤러'나 풀테이프에서 종종 나타나는 테이프의 헐거움이나 얽힘과 같은 트러블을 미연에 방지하는 '파워 기어' 같은 부품도 깔끔한 사용감을 뒷받침한다. 사용자가 특별히 의식하지 않아도 매일 쾌적하게 쓸 수 있는 시스템이 본체의 제한된 공간 안에 교묘하게 들어가 있다.

요즘은 손으로 직접 만드는 잡지나 문구에 대한 관심이 높

접착 작업에 있어 새로운 선택지를 가져온 풀테이프.
그중에서도 노리노 프로는 본체에 다양한 장치가 고안되어 있어
누구나 스트레스 없이 완벽하게 사용할 수 있다.

아지고 있는데, 나는 굳이 따지자면 공산품에 대한 흥미와 관심이 큰 편이라 노리노 프로처럼 완성도 높은 제품은 사용하지 않을 때도 손에 들고 흐뭇하게 바라보곤 한다.

현재 일본 제조사의 경우 고쿠요(도트라이너), 톰보(피트 테이프), 니치반(테노리), 그리고 플러스(노리노 시리즈) 등이 우수한 제품을 개발하고 있다.

## 책상 주변 정리에는 '레터 케이스'

제본, 절단, 접착을 위한 문구에 대해서 구체적으로 썼으니 여

기서부터는 책상 주변의 정리 정돈으로 범위를 좁혀 이야기해 보겠다.

매일의 할 일인 ToDo에 대해서는 제4장에서 자세히 소개했다. 그것은 종이에 기록하는 문자 정보로서의 ToDo였다. 일단 종이에 할 일을 적고, 글자 열의 순서에 따라 행동을 시작하는 것이다.

한편, 문자 정보가 아닌 실제 물건을 나열하는 ToDo도 있다. 앞으로 작업해야 할 문서나 물품을 겹쳐 놓고 하나하나 차례대로 처리해 나가는 것이다. 나는 이것을 가리켜 '현물 To-Do'라고 표현한다. 이 방법은 사실 많은 사람이 예전부터 해 왔던 것으로, 관공서 등에서 방문자가 접수 상자에 서류를 차례로 넣어 놓는 바로 그것이다. 그렇게 쌓인 서류는 그 일을 처리할 사람에게 ToDo가 된다.

현물 ToDo는 일일이 글자로 쓸 필요 없는 빠르고 직관적인 방법이지만, 그 물건을 둘 장소가 필요하다. 가령 그것이 문서라면 클리어 홀더에 끼워 넣은 후 서류 상자에 쌓아 놓거나 파일박스 안에 세워서 나열하면 된다. 하지만 문서가 아니라 부품과 같은 물건일 가능성도 있다.

그래서 내가 쓰고 있는 방법은 레터 케이스(서류함)를 사용하는 것이다. 사무실에서 흔히 볼 수 있는 레터 케이스로 깊이가 얕은 서랍이 여러 개인 모델을 준비한다. 나는 서랍이 16단짜리인 레터 케이스를 사용하고 있다. 여기에 처리해야 할 물품을 하나씩 넣는다. 물론 문서만 수납할 수도 있다. 포인트는 아직 처리하지 못한 용무를 넣은 서랍은 살짝 열어 놓음으로써 구분해 두는 것이다.

물론 레터 케이스를 준비해야 하는 번거로움은 있지만, 문서를 클리어 홀더에 넣었다 뺐다 하는 수고를 줄일 수 있으며 자잘한 부품을 분실할 걱정 없이 업무를 처리할 수 있다. 독자 여러분이 업무를 할 때도 글자만 늘어놓기보다는 현물 ToDo 를 이용하는 것이 훨씬 빠를지도 모를 일이다.

## 책상에는 펜꽂이를 2개 놓아 둔다

책상에는 펜꽂이가 놓여 있기 마련이다. 그 펜꽂이에는 몇 자루의 볼펜, 샤프펜슬, 칼이나 가위, 또는 짧은 막대자 등이 들어가 있을 것이다.

아주 깔끔하고 이상적인 모습을 적고 말았는데, 실제로 내 책상에 놓여 있는 2개의 펜꽂이에는 가위도 칼도 여러 개가 있고 필기구도 60개 가까이 꽂혀 이제나저제나 쓰이길 기다리는 상태다. 지나치게 많은 건 사실이지만, 아무튼 펜꽂이는 2개 이상 두고 구별해서 사용하는 방법을 추천한다.

2개의 펜꽂이를 사용하는 방식에는 다음과 같은 예가 있다. 먼저 가지고 다니면서 쓰기도 하는 그룹과 그 밖의 그룹으로 나누는 경우다. 비교적 출장 업무가 잦고 출장지에서도 빈번하게 필기구나 문구를 사용하는 경우 휴대용과 사무실용으로 각각 똑같은 것을 두 세트 가지고 있는 것은 비효율적이다.

대신 필기구류를 '어디서든 사용하는 그룹'과 그 밖의 그룹으로 나누어 출장 갈 때는 어디서든 사용하는 그룹을 챙겨 나가면 된다.

다음은 1군과 2군으로 나누는 경우다. 늘 사용하는 필기구나 문구가 정해져 있는 경우 그것들은 바로 눈앞에 보이는 펜꽂이에 넣어 놓고, 잘 사용하지 않거나 예비로 두는 것은 조금 멀리 떨어진 펜꽂이에 넣어 둔다. 펜꽂이에 10개 이상의 필기구가 들어 있으면 쓰려고 찾는 데만도 시간이 꽤 걸려 일의 흐름을 방해한다. 내 경우에도 같은 필기구지만 펜촉의 굵기가 서로 다른 것이 여러 개 있어서 처음부터 두는 장소를 구별해서 찾는 시간을 줄이고 있다.

마지막은 남에게 빌려줘도 상관없는 것은 펜꽂이에 넣어 두고, 나머지는 보이지 않는 곳에 수납하는 방법이다. 회사에 다니던 시절에 내가 문구 마니아라는 사실이 알려져 있다 보니, 멋대로 필기구나 도구를 빌려 가는 사람이 있었다. 그것까지는 그럴 수 있다 쳐도 때때로 소중하게 여기는 물건을 돌려받지 못해 속상했던 적이 한두 번이 아니다. 이쯤 되면 자신이 아끼는 물건은 숨기고 싶기 마련이다. 그래서 고심 끝에 "자, 얼마든지 써도 좋습니다." 싶은 문구는 책상 위에 두고 나머지는 서랍 안에 피신시켜 두는 형태로 내 물건을 지켰던 적이 있다. 이 얘기를 사람들 앞에서 몇 번 한 적이 있는데, 의외로 나도 그랬다는 의견이 꽤 많았다. 직장에서 쓰는 펜꽂이에 대한 고민은 어쩌면 이렇게 해결될지도 모르겠다.

# 8

소박한 문구 생활

# 멋진 문구가 많아졌다

예전에는 문구에 관심이 있어도 멋진 제품을 찾아내려면 고생 깨나 해야 했다. 지금은 국산 제품의 질도 꽤 좋아졌고 손쉽게 수입 제품을 입수할 수도 있으며 다양한 문구를 취급하는 매장도 많아졌다.

매장이 많다는 것은 그만큼 문구를 찾는 사람이 많다는 증거다. 1990년대에 라미 볼펜을 구매하는 사람은 그야말로 문구 마니아들뿐이었다. 리필심을 샀는데 찾는 사람 없이 오래 잠들어 있었던 탓에 잉크가 굳어 안 나오는 상황이 당연할 정도였다. 그랬던 라미가 이렇게나 대중적인 존재가 될 줄 상상조차 못했다.

더 많은 사람들이 멋진 문구를 부담 없이 쓸 수 있게 된 데는 우리를 둘러싼 모든 디자인의 수준이 높아진 영향도 있다고 생각한다. 매일 입는 옷부터 자전거 부품에 이르기까지 일상 속 모든 상품의 디자인은 진화하고 있다. 이케아나 무인양품처럼 가격은 합리적이면서 디자인이 뛰어난 상품 덕분에 개인은 풍요롭고 스마트한 삶을 즐길 수 있게 되었다. 멋스러운 공간에 세련된 가구가 놓여 있고 스타일리시한 자전거가 전시된 풍경이 지금은 일상이 되었다. 거기에 놓일 문구나 잡화도 멋진 디자인이 요구되는 것은 지극히 당연한 흐름일 것이다.

한편으로 사무실에서는 어떨까? 해외 문구용품은 기능도 소재도 색감도 엄선된 고품질의 제품들이 많다. 다만 해외에서 직수입해 온 터라 국내 실정에 맞지 않는 경우도 있다. 예를 들어 파일링 용품의 경우 겉모양은 멋져도 크기가 너무 커서 수납 사정에 적합하지가 않다든가 하는 문제다. 어느 나라든 자국의 문구는 국내 사정을 고려했을 것이므로 그런 문제가 일어날 가능성이 낮은 편이라고 생각한다.

프리랜서로 일하는 사람은 늘고 있고, 재택근무나 부업 등 현대인이 일하는 방법에도 급속한 변화가 일고 있다. 가능한 한 낭비를 줄여 단순하면서도 멋진 홈 오피스를 꾸미고 싶어 하는 사람들이 착실히 증가하고 있다는 말이다. 그러니 작은 사무실을 꾸미는 데 적합한 문구에도 역시 잠재적인 수요가 있을 것이다.

이번 장에서는 생활과 밀접한 문구의 이모저모를 생각하면서 쾌적하고 즐거운 '문구 라이프'의 자세에 대해서 얘기해 보고자 한다.

## 가방에 넣고 다닐 만한 문구

"당신의 가방 안을 보여 주세요!"

잡지의 단골 특집이다. 디자이너의 토트백, 사장님의 가방, 자전거 선수의 웨이스트백 등. 이런 종류의 기사는 해외에서도 인기가 많다. 포털 사이트의 검색창에 키워드를 치면 끝이 없을 정도로 많은 '가방 속 내용물'을 볼 수 있다. 세계 어디든 사람들은 이런 주제에 흥미가 있는 모양이다.

국적을 불문하고 가방 속에 있는 것은 주로 스마트폰, 지갑, 안경, 헤드폰, 상비약이나 영양제, 화장품 등이다. 개인적으로 조금 낯선 점이라면 나이프를 가지고 다니는 사람이 많다는 것인데, 서바이벌 용품으로서의 용도와 더불어 물건의 포장을 여는 데에도 사용한다고 한다.

내 시선이 머무는 곳은 역시 노트와 필기구류다. 노트 크기는 포켓 사이즈 또는 매수가 많은 A5 크기가 일반적이다. 몰스킨 노트인 경우가 많아서 세계적으로 인기 많은 상품임을 다시금 깨닫게 된다. 하드커버 노트라 책상을 확보할 수 없는 곳에서 필기할 때 적합하다.

이러한 소지품과 관련해서 내가 거듭 강조하는 점이 있다. 바로 가방의 무게에 관한 것이다. 여러분은 가지고 다니는 가방의 총무게를 파악하고 있는가? 나는 숄더백의 경우 가방 자체와 내용물의 무게를 합쳐 6kg 정도를 상한으로 생각하고 있다. 그 이상이 되면 어깨나 허리가 아프기 때문이다.

이 무게를 크게 줄일 수는 없다. 업무상 노트북 컴퓨터와 주변기기를 가지고 다녀야 하니 말이다. 그렇다면 그 외의 제품 하나하나의 중량을 조금씩 줄여 경량화를 꾀해야 한다. 무겁고 부피가 큰 휴대용 배터리를 작은 용량으로 바꾸고, 카메라와 렌즈는 무거운 모델을 피하는 식으로 말이다. 각각의 무게는 책상 위에 항상 두는 주방용 디지털 저울로 측정한다.

의외로 가방 무게를 좌우하는 것이 바로 종이 무게다. 나는 A4 노트를 가지고 다니고 싶지만 무게가 A5의 두 배로 250g이나 차이가 난다. 이럴 때는 노트를 사무실에서 어느 정도 사용하다가, 사용한 부분을 잘라내 가볍게 만들고서 휴대하는 용도로 사용한다. 만약 용지가 가벼운 크로키 노트라면 같은 A4라도 A5와 무게 차이가 거의 없다. 가죽 소재 소품의 경우는, 제대로 된 것이라면 무게가 상당하다. 얇은 가죽 소재로 크기도 작은 것을 고르면 훨씬 가벼워진다.

그리고 나는 소지품에 따라 여러 개의 가방을 구분하여 사용하고 있다. 노트북 컴퓨터를 가지고 다닐 필요가 없는 날에는 초경량 백을 고른다. 그런 식으로 총 5개의 가방을 목적에 맞게 바꿔 가면서 사용하고 있다. 이런 방법을 활용할 때는 그때그때 내용물을 바꿔 담는 일을 귀찮아해서는 안 된다.

때로는 매일 교체해야 하는 상황이 발생하는데 그때마다 가방 속 내용물을 정리하게 되니 쓸데없는 것을 가지고 다니지 않게 된다. 종종 거리에서 터무니없이 큼직한 가방을 메고 다니는 사람을 볼 때가 있다. 사소하다고 생각할 수 있지만 매일 드는 가방의 무게는 건강과 직결된다. 지켜야 할 것은 무엇보다도 건강이다. 그러므로 즐거운 마음으로 경량화에 도전해 보기 바란다.


## 브랜드 신앙의 함정

잡지나 웹사이트에 실린 문구 소개 기사에는 대체로 제품 제원 (치수나 무게 따위의 정보)과 함께 브랜드 소개가 실린다. 브랜드 창업자, 역사, 일화 등이다. 이 책에서도 비슷한 식으로 제품에 관한 설명을 했다.

브랜드는 제품을 특정할 뿐 아니라, 품질이나 성격을 보증하는 역할도 한다. 이를테면 "○○○ 제품이니 구석구석 튼튼하게 잘 만들어져 있을 거야." 하는 식으로 말이다. 어느 정도 경험이 쌓이면 브랜드 이름만 듣고도 질감이나 사용감까지 대체로 상상할 수 있다.

하지만 예외도 있다. 제조사나 브랜드가 다른 자본에 매수된 케이스가 그렇다. 창업가의 정책을 계승하지 않고 갑자기 공장을 바꿔 생산하거나 브랜드의 전통과는 거리가 먼 신제품을 출시하는 일이 때때로 일어난다. 그 결과 우수한 공작 정밀도를 자랑하던 상표가 갑자기 펜촉이 어중간하게 생긴 필기구를 내놓기도 하는 것이다.

또, 다른 자본에 매수된 것은 아니지만 대표가 바뀌면서 상품 개발의 방향성이 급변하는 사례도 꽤 있다. 가령 자식이 사업을 물려받자마자 금속 부품의 정밀도가 한참이나 떨어지고 말았는데도 비싼 가격은 그대로고 잡지나 웹사이트에서는 계속 좋은 제품으로 소개된다. 실제 물건을 사서 써 본 뒤 이런 변화를 알아차렸을 경우 나는 그 즉시 제품 소개 내용을 바꾸는 방침을 세웠고, 그대로 따르고 있다. 하지만 미디어에 실리는 대개의 기사에서는 예전의 브랜드 명성을 그대로 답습한 제품 소개를 반복하곤 한다.

절대 소비자를 우습게 봐서는 안 된다. 일부 예외는 있지만 대체로 사용자가 먼저 알아차린다. 결국 성능이 떨어진 브랜드는 3, 4년 사이에 자연스럽게 도태된다. 내가 지금의 일을 시작한 지는 기껏해야 18년밖에 안 되지만, 그 사이에도 눈에 띄게 제품 품질이 떨어진 브랜드가 대여섯 군데나 있다. 대체로 미국계 자본이 끼어들면서 생산지가 기존과는 다른 지역으로 옮겨졌기 때문이다.

한번은 해외 브랜드에서 보내온 제품 상자 때문에 무척 화가 났던 경험이 있다. 제품이 담긴 상자의 품질도 한참이나 나빠졌을 뿐 아니라 지저분하게 발자국까지 나 있었다. 제일 중요한 제품 자체의 품질 역시 말할 것도 없이 나빴다. 신뢰하던 브랜드의 제품에 품질 저하가 발생했을 때, 취급 업자가 아니고서는 물건 값을 지급하고 제품을 손에 넣을 때까지 알 길이 없다. 그러므로 사용자는 미디어를 통해 정보를 발신하는 상대가 얼마나 믿을 만한지도 꿰뚫어 볼 수 있어야 한다.

또한, 필기구의 경우에는 제조사 자체의 태세나 경영에 변화가 없어도 모델별로 품질이 좋은 것과 좋지 않은 것이 혼재하는 경우도 종종 있다. 오랜 시간에 걸쳐 라인업을 확충시켜 나가는 필기구는 개발에 참여하는 디자이너의 기량, 투입된 기술, 제조 공장, 생산지 등이 모델에 따라 천차만별로 다르기 때문이다.

내가 즐겨 사용하는 제품 중 매우 잘 만들어진 볼펜이 있는데, 그렇다고 해서 이 제조사의 제품 전부가 훌륭하다고는 말할 수 없다. 때로는 "이 볼펜을 담당한 디자이너는 자사 리필심의 특성을 제대로 이해하지 못하고 있구나." 싶을 때도 있다. 그러므로 제품의 한 가지 모델을 추천하는 경우는 그렇다 쳐도 안이하게 브랜드 자체를 추천하는 전문가는 신용하기 어렵다는 얘기가 된다.

다소 부정적인 내용이 되고 말았는데, 문구는 많은 경우가 공업제품이다. 그런 이유에서 물건을 보는 사용자의 안목도 필요하다는 사실을 기억해 두자.

## 그리고 시작되는 멋진 문구 라이프

나는 독자 여러분 모두가 본인의 업무나 생활에 맞는 자신만의 문구 스타일을 찾아 나갔으면 하는 바람을 갖고 있다. 그때 어떤 기준으로 물건을 골라서 나만의 문구 세트를 조합하면 좋을까? 반복되는 부분도 있겠지만 마지막으로 총정리한 힌트를 제공하고자 한다.

먼저 '장소' 즉 어디서 사용할 것인가의 문제다. 평소 가지고 다니기 위한 용도의 세트라면 총무게를 줄이기 위해 가짓수를 줄여야 한다. 업무를 위해 책상에 비치하는 문구와는 전혀 다른 기준을 적용해야 한다. 특히 노트의 차이가 크리라 생각한다.

다음은 '기능'이다. 그 문구의 능력이나 매력을 충분히 끌어내려면 어떻게 하면 좋을지를 생각할 필요가 있다. 책상 등 필기를 할 수 있는 공간을 확보할 수 있다면 필기구는 섬세한 것이어도 문제없이 사용할 수 있다. 그런데 만일 외부에서 손에 들고 필기해야 하는 상황이 많아지면 필기구도 노트도 조금은 거칠게 다뤄도 되는 모델을 고르는 것이 좋다.

고객의 회사에서 업무 협의를 하면서 꼼꼼하게 메모를 해야 하는 상황이라면 조금은 근사한 노트를 꺼내고 싶을 것이다. 반대로 남의 눈을 의식하지 않아도 되고 러프하게 아이디어를 짜야 한다면 큼지막한 크로키 노트가 좋겠다. 내친김에 노트의 공급성도 확인하자. 수입품이든 국산 제품이든 제조가 중단될 가능성은 충분히 있다. 지속적으로 판매될 것으로 예측이 되는 제품이 가장 바람직하다.

더불어 필기구를 몇 개 준비해 두면 좋을지도 생각해 본다. 보통은 1~2개로도 충분하지만, 작업이 벽에 부딪혔을 때 기분 전환을 하거나 스스로 즐거움을 주기 위해 여러 개를 마련해 두는 것도 나쁘지 않다.

'소재'도 중요하다. 격식을 갖춰야 하는 자리라면 가죽 소재 수첩이나 노트 커버, 필통 등을 준비한다. 사적으로 사용하는 물건은 원래 그대로 자연스럽게 사용한다. 클립보드나 막대자 같은 물건은 수지 제품이 아닌 나무 재질이나 금속 재질로 된 것도 있다. 다소 무게가 나가기는 해도 금속 재질의 자는 칼질을 반복해도 손상이 적다.

마지막은 '색깔'이다. 어쩌면 가장 어려운 요소일지도 모르겠다. 색깔을 크게 신경 쓰지 않고 갖추는 것도 하나의 방법이지만, 반대로 색깔을 고려해서 갖추어 나가면 저마다 개성 있는 외관의 문구들을 즐길 수 있다.

최근에는 가능한 한 같은 색으로 세트를 구성해서 즐기는 움직임도 있는 것 같다. 가죽 소품도 예전에는 거의가 검정, 갈색, 빨강으로 일률적이었지만, 지금은 색깔이 다양해서 '깔 맞춤'도 예전만큼 어렵지 않다. 이런 경향에 따라 대형 전문점에서도 색깔별로 상품을 그룹 지어서 진열하기도 한다.

여담 한마디 하자면 문구를 색깔별로 진열하여 판매하는 것은 이세탄 백화점 신주쿠 본점에서 40여 년 전부터 해 왔던 방법이다. 당시는 요즘보다 제품 종류가 훨씬 더 적었으므로 그런 매장을 만들어 내기까지 상당히 고생이 많았을 것이다.

원하는 기능에 맞춰 세트로 구성하려면 색깔이 안 맞을 수도 있다. 이럴 때는 검정이나 흰색 등의 무채색을 기본으로 설정하여 약간의 색감을 더하거나 주제로 삼을 색깔을 두 가지 정도로 좁혀 대비를 즐기는 방법도 있다. 예를 들어 다색 볼펜을 몇 가지 컬러 구성으로 하려는데 컬러끼리의 조합이 잘 어울리지 않는다면 몸체는 기본 색깔인 검정에 맞춰 가는 것이 좋다.

다시 한번 정리하면 '장소, 기능, 소재, 색깔'이다. 꼽자면 더 있을지도 모르겠지만, 이 네 가지를 기준으로 삼는다면 자신만의 문구 스타일을 찾기가 한결 쉬울 것이다. 하나하나 곰곰이 생각하여 여러분 각자의 문구 세트를 구성해 보기 바란다.

먼저 여러 가지 이미지를 상상해 본 후 직접 매장에 가서 보면 문구가 지금까지와는 조금 다른 모습으로 보인다. 분명 그 순간부터 당신의 멋진 문구 라이프는 시작될 것이다.

# 마치며

문구는 그 대부분이 공업제품으로 탄생하여
때로는 사람들에게 즐거움이나 위안을 주는 등
우리의 기분에 영향을 미치는 물건으로,
평가나 평론을 하는 것이 의외로 어렵다.
얼핏 보기에 소박하고 수수한 제품이 다른 것과
조합한 순간 숨겨져 있던 매력을 발산하는 경우도 있다.

그래서 제조사의 공식 정보를 기준으로 삼되 소재나
구조를 잘 보고 가능한 한 사용하는 장면을 상상하면서
나 자신의 개인적 의견도 덧붙여 소개하는 것이
내가 이상적으로 생각하는 평가 방식이다.

그런데 융통성 없이 너무 고지식하게 쓰면 받아들이는
사용자의 입장을 생각하지 않은 것이 될 수도 있다.

어쩌면 (조금 무례한 표현일 수도 있지만)
사용자가 문구를 보는 안목을 기른다면
제공하는 측과 제공받는 측 사이에 있는 벽을
낮출 수 있지 않을까 하는 생각이 들었다.

이 책에는 이런 생각을 담아서 여러 가지 표현을 사용해 가며
'문구를 선택하는 방법'에 관해 설명하고자 했다.
어디까지나 초보자용이므로 이미 문구 수집을 취미로
삼고 계신 분께는 상품 지식적인 측면에서
부족한 부분이 많았을 것이지만, 이 책에 소개한 내용 중
조금이라도 "이런 의견도 있을 수 있구나!" 하고
공감할 만한 부분이 있었다면 정말로 기쁠 것 같다.

여러 사람들의 흥미가 모이고 사용자의 안목과 기술이
높아지면 제품의 수준은 점점 향상되어 간다.
문구를 포함해서 모든 취미 세계에 통용되는 얘기다.

문구가 많은 사람에게 사랑받고 있는 지금, 나를 포함해
문구 제조나 판매에 종사하는 등 제공하는 사람의
입장에서도 이 장르가 항상 좋은 방향으로 향할 수 있게
하려는 의식적인 노력이 필요하다.

문구의 세계는 비교적 부담 없이 입문할 수 있으며
저렴한 비용, 간편한 방법으로 즐길 수도 있다.
잠깐의 부주의로 지금의 행복한 흐름을 망가뜨리는
일이 없도록 나도 정신을 바짝 차릴 생각이다.

또한, 나 자신도 사용자의 한 사람으로서
문구에 흥미를 갖는 분들이 조금이라도 많아지기를
항상 바라고 있다. 그런 마음으로 이벤트나
강연 등에도 적극적으로 참여해 왔다.

다만, 책 한 권을 쓴다는 것은 그리 간단한 일이 아니다.
많은 정보를 제공하고 싶은 마음이 앞선 탓에
겉도는 부분이 있었을지도 모르겠다.
혹시 조금이라도 좋았거나 도움이 되었다면, 필자에게
힘이 될 수 있도록 후기를 남겨 주시면 감사하겠다.

마지막으로 이 책을 집필할 귀중한 기회를 주신
작가 야나기자와 다케시 님, 오랜 기간에 걸쳐 나의 활동을
지지해 주신 여러분, 그리고 이 책의 구상에서 완성까지
항상 격려를 아끼지 않고 응원해 주신 후타바사의
데즈카 유이치 님께 진심으로 감사의 말씀을 전하고 싶다.

와다 데쓰야 和田 哲哉

옮긴이 고정아

도쿄 외국어 대학교에서 일본어학을 전공했다. 유학 생활을 마치고 돌아온 후 기업체 대상의
일본어 통번역을 시작으로 전문 번역가의 길로 들어섰다. 하면 할수록 오히려 어렵게 느껴지는
번역이라는 작업에 고군분투하며 현재도 다양한 분야의 일본 서적을 우리말로 옮기고 있다.
옮긴 책으로는 『잃어버린 문명 대백과』, 『초자연 현상 대백과』, 『초능력자 대백과』,
『움직이는 도감 MOVE 우주』, 『우리 아이 봄여름 옷장』, 『우리 아이 가을겨울 옷장』,
『르포 빈곤대국 아메리카』, 『결정하는 힘』 등 다수가 있다.

더 잘 쓰게 만드는
사소하고 현명한 기술

문구상식

와다 데쓰야 지음
고정아 옮김

제1판 1쇄     2020년 5월 11일

발행인         홍성택
책임편집       양이석
편집           김유진
디자인         전소희
마케팅         김영란
인쇄제작       정민문화사

(주)홍시커뮤니케이션
서울시 강남구 봉은사로74길 17(삼성동 118-5)
T. 82-2-6916-4481  F. 82-2-6919-4478
editor@hongdesign.com   hongc.kr

ISBN 979-11-86198-62-9 03500

이 도서의 국립중앙도서관 출판예정도서목록(CIP)은
서지정보유통지원시스템 홈페이지(http://seoji.nl.go.kr)와
국가자료종합목록시스템(http://www.nl.go.kr/kolisnet)에서
이용하실 수 있습니다. (CIP제어번호: CIP2020016155)